一部《孫子》打天下，半部《論語》治天下！

一部必定能讓你「縱橫商場」的超智謀曠世奇書。

唐太宗李世民：「朕觀諸兵書，無出孫武！」

美國西點陸軍學院、印第安那波列斯海軍學院、科羅拉多空軍學院等著名軍事院校的必修課程。

日本「經營之神」松下幸之助，把《孫子兵法》列為松下公司全部管理人員的必讀之書。

英國功勳卓著的軍事家、元帥蒙哥馬利說：「世界上所有的軍事學院應該把《孫子兵法》列為必修課程。」

【孫子兵法】不只是一部兵書那麼簡單。

【孫子兵法】勝兵先勝而後戰，敗兵先戰而後求勝。

中國第一兵書

不戰而屈人之兵，善之善者也！

秦榆【著】

前言

《孫子兵法》一書作為中國古代最偉大的軍事著作，其軍事思想至今仍然光芒萬丈，具有廣大的影響力。不僅如此，作為軍事著作《孫子兵法》，不僅對現今世界軍事學產生彌足珍貴的啟迪意義，其所蘊含的豐富又深刻的哲理，在我們日常生活的各方面也具有極強的指導意義。尤其是現代商業競爭中，它的作用已經被越來越多的商界人士所重視。

據說，第二次世界大戰結束後的日本商界，《孫子兵法》幾乎人手一冊，更有甚者，號稱日本「經營之神」的松下幸之助，竟然把《孫子兵法》列為松下公司全部管理人員的必讀之書。日本企業家為何如此癡迷於中國古代的一本兵書？況且打仗與做生意根本是兩碼事！這些問題在當時很讓一般人費解，但是縱觀戰後日本經濟的發展以及日本企業家高超的商戰韜略，人們起碼可以得出這樣的結論：《孫子兵法》的戰爭藝術與現代商戰韜略有很多內在的相通之處。基於現今世界經濟日益全球化，市場競爭空前殘酷，比之於戰爭也毫不過分的現實，如何打贏現代商戰，制定自己的商戰謀略，成為每位企業決策者的必修之課。《孫子兵法》所提倡的上兵伐謀、兵貴神速、出奇制勝、先為不可勝、避實就虛、知彼知己、重用人才……對現代商戰極富啟示意義。因此，從這個方面來解讀孫子的兵法謀略具有巨大價值和空間。本書正是以孫子的兵法謀略為骨幹，從《孫子兵法》中汲取智慧，試圖將孫子的兵法謀略與現代商戰系統的結合在一起，為廣大讀者朋友編寫一本商戰謀略全書。

全世界管理者，
沒有人敢不看這本書！

一部論語可以治天下，一部《孫子兵法》也可以稱霸商場。前人的智慧，後人的財富，古為今用。值得提醒讀者的是：《孫子兵法》最講究的就是「靈活」二字，所以在運用時不可刻舟求劍，不知變通，此乃讀書之大忌也！

作為一本研究孫子及其兵法謀略的書，本書不僅限於商戰，而且將孫子兵法謀略在處世中的重要意義也一併奉獻給讀者。此外，為了證明其可操作性和重要性，又用孫子的兵法謀略在歷代政治上的影響來加強其指導作用。相信讀者在讀完本書之後一定能領略到孫子商戰藝術和處世智慧的精髓。

目錄

第三章：成功創業的必勝方法

第四章：商者，詭道也

第五章：所有的競爭，都是戰爭

第六章：情報，決定生死與成敗

第十一章：贏得顧客，攻心為上

第一章：孫子和《孫子兵法》

孫子是世界軍事史上最負盛名的思想家之一，他的思想不僅在中國，而且對中國之外的許多國家都有很大的影響。《孫子兵法》一書自問世以來，就對中國古代軍事學術的發展甚至中國傳統社會的進步產生極其巨大而深遠的影響，被人們尊封為「兵經」、「百世談兵之祖」。

孫子其人

孫子是《孫子兵法》的作者，原名孫武，字長卿，春秋末期人，其出生年代根據推算在西元前五五〇年至西元前五四〇年之間。

孫武的祖籍是春秋時期一個小國——陳國，位置大概在現今的河南與安徽的交界處。孫武七世先祖陳完原本是該國國君陳厲公的兒子，由於宮廷內發生內訌，陳完害怕禍及自身，逃難到齊國。其時，齊國由桓公當政，封陳完為工正，即掌管齊國手工業生產的官職。這個時候的陳完改姓田，原因是當時陳與田音同義通。及至田完的四世孫無宇時，生有二子，一為恆，二為書。田書被當時齊國君主齊景公派往討伐齊國的鄰國莒國，立有戰功，被王室賜姓孫，食采於樂安（一說今山東省惠民縣）。自此開始，孫氏一家成為軍事世家。

孫武的父親叫孫憑，孫憑是孫書的兒子。其時，由於齊國發生內亂，他為避禍而率全家逃難到南方的吳國。這個時候的孫武雖然只有二十餘歲，但是鑽研兵法很有成就。他藏形而不露，過著亦耕亦讀的田園生活。

中國原始社會末期，中原部族聯盟的首領舜據傳是陳國人的祖先，孫武因此也被視為是舜的後裔。《吳越春秋》記載，孫武發怒時，「兩目忽張，聲如駭虎，髮上衝冠，項旁絕纓」。可見其雙眼有神、聲音洪亮、體魄健壯、滿頭烏黑硬髮，是一位標準的豪俠之士。他的性格內向而耿直，語言明快，思想深刻。

孫武在吳國期間，發生一件對他的命運產生決定性影響的事情，這就是歷史上有名的吳宮教戰。

原來，當孫武到吳國後，被楚國亡臣伍子胥發現，相談之下，引為知己；後來又由伍子胥推薦給吳王闔閭，闔閭對孫武的兵法極為賞識，當即派一百八十名宮女，以作練兵示範。孫武嚴於軍令，當著吳王的面，斬掉兩名不服從軍紀的隊長，這二人正是吳王愛姬。吳王雖然萬分惋惜，但是在伍子胥一再勸導下，確認孫武是一位既可以運籌帷幄又可以決勝千里的奇才，於是封孫武為上將軍，令他日夜練兵，為爭霸諸侯做準備，而吳國爭霸的第一個敵人就是當時強大的楚國。

幾年後，吳國正式向楚國開戰，並以孫武和伍子胥為統帥。孫武利用楚國內憂外患的時機，聯合唐、蔡兩國軍隊，與伍子胥一起率水師溯河西上，中途突然決定改變沿淮水進軍路線，在今河南潢川淮河的一個彎曲部位捨舟登陸，迅即通過大別山與桐柏山之間的黃峴關、武勝關、平靖關三道關口，直插楚國要害部位。楚軍被迫倉促應戰，經過前哨戰和柏舉之戰，楚軍大敗而逃。孫武率軍乘勝追擊，十一天行軍七百里，五戰五捷，佔領楚國都城郢，楚昭王棄城南逃，吳軍則聲威大震。這次戰役中，吳軍以三萬人對楚軍二十萬，出征千里之外，竟然取得輝煌戰績，令人不勝感嘆。戰國時期的軍事家尉繚子讚賞說：「有提十萬之眾，而天下莫能當者，誰？曰：『桓公也。』有提七萬之眾，而天下莫當者，誰？曰：『吳起也。』有提三萬之眾，而天下莫當者，誰？曰：『武子也。』」可見對孫武用兵之神推崇備至。近人歷史學家范文瀾先生也把柏舉之戰稱作「東周時期第一大戰爭」。

吳楚戰爭結束後，吳國的霸業在繼任者夫差的治理下已經初具規模，這個時候的孫武卻看穿其剛愎自用和暴戾殘忍的本質，明智的選擇退隱山林，終老其身。

《孫子兵法》的思想與智慧

《孫子兵法》是中國也是世界上最古老的一部兵書，自成書以來，就一直被歷代政治家、軍事家、企業家、學者奉為至寶。該書對中國歷代軍事家學術的發展產生巨大而深遠的影響，被人們奉為「兵經」、「百世談兵之祖」。

《孫子兵法》共十三篇，約六千餘字，但是言簡意賅，回味無窮，可謂字字千鈞，擲地有聲。它從「始計」開始，到「用間」結束，把用兵的各方面和環節都論述得細密而周全。特別是由於它使用「捨事而言理」的敘述方式，將戰爭中的計與戰、力與智、利與害、全與破、迂與直、數與勝等相互衝突又相互連結的關係，分析得鞭辟入裡，更顯示它特有的哲理之光。

孫武最著名的論斷：「知彼知己，百戰不殆。」孫武認為，戰爭有客觀的法則，這些法則可以被人認識，因此戰爭雙方的勝負也可以預知。這些法則究竟是借助哪些條件而產生作用？他提出道、天、地、將、法五項因素。一是決策時必須使老百姓和他的意願一致，「令民與上同意」（「道」）；二是有利的天候氣象條件（「天」）；三是便於作戰的地形地貌和有利的地理位置（「地」）；四是有善於指揮作戰的將領（「將」）；五是有良好的軍事紀律及充分的後勤供應（「法」）。如果這五方面都勝過對方，就可以興兵作戰，有取勝把握；假如其中一項或兩項不合乎要求，又沒有相應的配套措施，就不應該發兵，即使發兵也難以取勝。

以上這幾點並不是制勝的全部。在孫子看來，全面的瞭解敵我雙方情況，只是提供戰爭中取勝的必要條件，還不是充分條件。想要取得最終的勝利，還須對實際情況，進行「察」（考察、研究）、「算」（計算、謀劃），形成具體的戰略和戰術，然後在行動中力求創造使自己不被敵人戰勝的條件，再設法戰勝對方，也就是「先為不可勝，以待敵之可勝」。這裡的「察」和「算」都要有上乘的思考方式輔助進行，也就是運用辯證思維。

孫武還提出：「亂生於治，怯生於勇，弱生於強。」這裡說的生，意思就是出現、發生、轉化。這種轉化就像在自然界裡「五行無常勝，四時無常位，日有短長，月有死生」一樣的道理。孫武這種把考察對象看成活生生的、運動變化的、相互連結而又彼此對立的觀點，表現出科學的辯證思維。

既然戰爭是變化萬端而難以把握，從事戰爭的人，無論國君或將帥也必須適應這種變化，善於將變與不變巧妙的結合，才可以取勝對方。孫武說：「聲不過五，五聲之變，不可勝聽也。色不可五，五色之變，不可勝觀也。味不過五，五味之變，不可勝嘗也。戰勢不過奇正，奇正之變，不可勝窮也。」他把變與不變的關鍵歸到奇正（正是正規，奇指奇變），認為兩者可相互使用或交替運用。《孫子兵法》在談到戰爭指揮者要把戰爭原則靈活運用的時候又說：「兵無常勢，水無常形；能因敵變化而取勝，謂之神。」

《孫子兵法》一書，不僅有哲學思辨的特色，而且有深邃博大的文化內涵，即中國古人特有的人文睿智，這當中包括謀略、系統方法、心理分析幾個方面。

謀略是什麼？簡言之就是智謀與方略，由於在戰爭中，參戰雙方往往在限定的時間與地域，傾其所有物質力量與精神力量，進行全方位的生死較量，因此將它當成謀略學最初的發源地也在情理之中。《孫子兵法》作為一本最上乘的軍事哲學著作，它所提供的謀略內容也必然成為其中的核心部分。書中說的「兵者，詭道也」、「多算勝」、「上兵伐謀」、「攻其無備，出其不意」、「知彼知己，百戰不殆」、「兵無常勢，水無常形」，甚至「齊勇若一」、「吳越同舟」、「不戰而屈人之兵」，更成為名傳千古而家喻戶曉的名言粹語，為古今中外之千萬人所傳誦。

系統方法則是《孫子兵法》中，以樸素形態出現的一種相當重要的方法。例如：在〈始計〉中，孫武提出軍事系統裡五種相關要素是道、天、地、將、法；在〈軍形〉中，分析一個國家的戰爭能力與潛力究竟有多大時，又提出度、量、數、稱、勝五個環節；在分析一位將領應該具備哪些基本素質時，又舉出智、信、仁、勇、嚴五項；當分析間諜的類型時，還提出其包括因間（鄉間）、內間、反間、死間、生間五類；在〈地形〉與〈九變〉中，又分別提出兵有六敗、將有五危，即用兵不當，有六種情況要失敗，主將不力，有五種情況很危險。所有這些，都表現出孫武在分析戰爭問題時，善於從其各方面進行系統分析或整體分析，並透過對這些相關要素的分析與估算，推斷戰爭的未來與結局。

除了謀略內容與系統方法的使用，《孫子兵法》中的心理分析也很明顯。孫武著重研究某一個體或群體在特定社會生活條件下，或是處在一定的特殊境遇時，其心理活動的內容及心理態勢變化的規律。

書中分析，君有三患：一是不瞭解軍隊該前進還是該後退而貿然做出決定，二是不熟悉軍隊的正確管理而盲目干涉下屬的行軍部署事務，三是不懂得謀略而給部下亂出主意。這三種禍患都是由於君主自以為身處高位就全智全能，這是一種極不正常的心理態勢，必須隨時加以防範。

孫武又分析，作為主將，有些性格上的弱點很危險，例如：過分的自信、懦弱、優柔寡斷，特別是當將帥和士卒心理狀態不一致時，往往會招致戰爭的失敗。他舉例說明：有些部隊裡，士卒強悍而將領懦弱，上級難以對部下領導約束，致使軍政廢弛而失敗，叫做「弛」；有些部隊裡，主將極有謀略而且有主見，但是命令下達後，部下卻不瞭解主將意圖，不服從指揮，埋怨之餘又自行出戰，叫做「崩」。諸如此類，都告訴人們：做一名主帥，如果不能從根本上改善自己的心理素質和心理態勢，就難以成為合格將領，更不必說統兵禦敵。

享譽世界的東方聖典

《孫子兵法》成書之後，先是在中國廣為流傳，根據《韓非子·五蠹》記載：戰國時期，「藏孫吳之書者家有之」。事實上，《戰國策》、《尉繚子》、《呂氏春秋》、《荀子》、《淮南子》等書，對《孫子兵法》也多有徵引。三國時期的諸葛亮盛讚孫子的高超計謀：「曹操智計，殊絕於人，其用兵也，彷彿孫吳。」這裡的孫指的是孫子，吳指吳起，孫子排在第一。曹操在為《孫子兵法》作注時，也有不同凡響的見解，他說：「吾觀兵書戰策多矣，孫武所著深矣。」顯示孫子的許多論斷已經深入到曹操軍事生涯的精髓。

在其他國家，《孫子兵法》也產生難以估量的影響。自西元八世紀（唐代），該書被日本在中國的一位留學生吉備真備帶回日本之後，這部兵書就越出國界。西元十五世紀中期，《孫子兵法》傳到朝鮮（李成桂王朝）。西元十七世紀，孫子學幾乎成為日本的顯學，以後各個時期都有大量研究《孫子兵法》的成果問世。到第二次世界大戰前，日本出版有關《孫子兵法》的專著多達一百種以上，而且僅傳到中國的就有五十餘部。代表作例如：山鹿素行的《孫子諺義》，著名武將武田信玄的《風、林、火、山——孫子的旗幟》。《孫子兵法》西漸，以法國為最早。一七七二年，一位名叫阿米奧的神父把《孫子兵法》帶回法國，在巴黎有第一個法譯本。此書受到拿破崙的青睞，他特別賞識書中說的「施無法之賞，懸無政之令」，並在率軍作戰中信賞必罰，破格提升許多有膽識之士，滿足下屬的功名心態。一八六〇年，《孫子兵法》有俄譯本。緊接著，德、義、捷、越、希伯來、羅馬尼亞等各種文本相繼問世。

第二次世界大戰之後，《孫子兵法》不脛而走，許多國家的著名軍事家與傑出的學者越來越推崇其謀略學的價值。俄國著名學者E・A・拉津教授說：「孫子在古代中國軍事理論思想發展中所產生的作用之大，相當於古代的亞里斯多德。」英國功勳卓著的軍事家、元帥蒙哥馬利也說：「世界上所有的軍事學院應該把《孫子兵法》列為必修課程。」與此同時，翻譯和出版有關《孫子兵法》的著作也紛至沓來。繼美國退休准將格里菲斯的《孫子》新譯本問世之後，接連推出的有阿多俊介的《孫子之新研究》、佐藤堅司的《孫子思想史的研究》。有學者統計，從二十世紀開始，僅西方世界就出現《孫子兵法》的七種英譯本。又根據統計，到一九九二年十二月為止，全球出版的《孫子兵法》已經有二十九種文字的版本，甚至包括坦尚尼亞的斯瓦希利語和印度的泰米爾語等稀有語種。《孫子兵法》在傳播過程中還有一個特點也應該看到，它雖然是一部兵書，但是由於其思想深刻、涵蓋面廣大，其影響所至，遠遠超出軍事，變成指導經濟、政治、文化、外交、體育、人生各方面的不朽經典。美國著名的蘭德公司學者波拉克說得好：「孫子和孔子一樣有永恆的智慧，這種智慧屬於全世界。」

百家皆尊的制勝秘訣

《孫子兵法》是中國第一次文化發展時期的產物，它融合儒、墨、道、法等各種思想流派的精華，也吸收醫、商、農、工等各行各業的根本規律，因而得以從多方面和多層次系統的揭示戰爭規律和戰爭指導原則。由於融匯百家，兼取眾長，《孫子兵法》不僅適用於軍事領域，而且適用於為人處世、生產經營、養身治病、文教體育等各個領域，被各家共尊為競爭的制勝秘訣。日本學者會田雄次說：「《孫子兵法》是一針見血的道出人類生存的競爭社會之本質的兵書……它所闡述的戰略和戰術，從深刻洞察人類心理而獲取的智慧為基礎。因此，孫子的學說在人與人和群體與群體之間所競爭的各方面，可以超越時代而加以應用。」這番評價並沒有誇大《孫子兵法》的用途，現今風行於世界的「孫子熱」證明，鍾情於《孫子兵法》的絕非只限於軍事家，政治家、外交家、企業家、商業家、醫學家、體育家……也對之垂青已久，並且在各自的領域實踐和發展孫子的思想。

《孫子兵法》與商業經營

古人說「治產如治兵」，今人說「商場如戰場」。詞雖各異，理實相同，都說明兵戰和商戰這兩種競爭活動之間確實有緊密的聯繫。概略而言，二者之間至少有三點是一致的：一是兵家「非利不動」，企業家以利為本，在商言利，企業家彼此均以利益為競爭的價值取向。二是兵家「不厭詐偽」，企業家巧於計算，彼此都以謀略為競爭的最佳手段。三是兵家依法治軍，企業家以法治業，彼此的興衰成敗都依賴團體的素質和力量。正因為二者具有這些一致的特點，兵戰和商戰的基本原則才可以互相通用，在兵戰中屢試不爽的《孫子兵法》也適用於企業經營管理和商業競爭。僅以〈始計〉篇而言，它告訴我們，企業家在決策過程中必須做到視野開闊、胸懷全局、全面比較、綜合分析，進而選擇最佳的方案。要求企業家要像統率千軍萬馬的將軍一樣，善於運用「經之以五事，校之以計，而索其情」的戰略運籌原則。企業家必須揚己之長、避己之短、把握時機、創造條件、主動進取、出奇制勝，要求企業家善於運用「因利而制權，以佐其外」的原則，以及「詭道十二法」。企業家必須洞察詭詐行為，避免無謂損失，要求企業家善於識別「詭道」，並且精於「廟算」。至於「不戰而屈人之兵」、「知彼知己，百戰不殆」、「先為不可勝，以待敵之可勝」……這些揭示人類競爭活動一般的原則，在企業管理和商業競爭領域都大有用武之地。

《孫子兵法》與醫藥業

西元十八世紀中葉的清朝乾隆年間，有一位曾經擔任太醫的名醫徐大椿。他在自己撰寫的《醫學源流論》中專闢《用藥如用兵論》一章，全面、詳盡、準確的闡述「防病如防敵」、「治病如治寇」、「用藥如用兵」等醫理。文中提出治病用藥的十種方法，其中「以寡勝眾」之法就是運用孫子「十則圍之，五則攻之，倍則分之，敵則能戰之，少則能守之，不若則能避之」的觀點，主張「一病而分治之，則寡可以勝眾，使前後不相救，而勢自衰」。例如痢疾這種病，症狀甚多：便膿血，裡急後重、腹痛。治療時，以行氣和活血兩種方法分而治之。行氣則後裡自除，腹痛亦止，活血則使膿自癒。一種病依照氣血分治，進而達到以寡勝眾的目的，作者最後得出結論：「《孫武子》十三篇，治病之法盡之矣。」

從指導思想上看，兵學與醫學也有許多共同點。例如：防病如防攻，對於疾病，醫家主張「聖人不治己病，治未病」，與《孫子兵法》中所講的「用兵之法，無恃其不來，恃吾有以待也；無恃其不攻，恃吾有所不可攻也」（〈九變〉）道理如出一轍。再例如：擇醫如用將，醫家主張「知其方技以生付之，用醫之道也。」（《褚氏遺書》）與《孫子兵法》中所闡述的委派良將指揮戰鬥的道理也是一樣的，這裡我們雖然只是略舉數端，卻也可以證明醫學與兵學的互通。

為人如為將

《孫子兵法》對教化人生的作用，很早就被社會各界重視和認同。明代談愷稱「孫子上謀而後攻，修道而保法，論將則曰仁智信勇嚴，與孔子合」，將孫子與孔子相提並論，認為《孫子兵法》無論對軍事鬥爭還是處世交際，都具有教化作用。明代文人李贄更發出「吾獨恨其不以七書與六經合而為一，以教天下萬世也」的感嘆，把《孫子兵法》等七部兵書與「六經」一樣視為人生處世的經典。到了近代，將《孫子兵法》借鑑於人生更成為一種自覺行為。民國時期研究《孫子兵法》的專家李浴日指出：「孫子是『聖經』，如果你苦悶時，拿起它閱讀，必會快樂風生；如果你失敗時，捧起它研究，必會吸收成功的降臨。」日本的福本義亮把《孫子》作為人生處世的座右銘，認為：「蓋《孫子》者，兵書而外交書也，亦人事百般座右銘也。今更生於新時代，依各人之職務而活用之，處世上有所裨益也，必矣。」

在《孫子兵法》中，最可以教化人生的莫過於「將帥論」。為人如為將，既要有超群的智慧和才能，又要有良好的性格和情操。孫子的「為將五德」之說，概括將帥應該有的品格，可以作為為世人修身養性的規箴和借鏡。

此外，孫子主張的「詭道」對處世也很有積極意義，然而令人感到遺憾的是，後世之人多將其誤讀，在這一點上，本書將給予校正。

從《孫子兵法》內含特質上看，思維的辯證性，可以滿足人們啟迪心智的需要；內涵的豐厚性，可以為人們提供智慧和聰穎；論述的可操作性，可以成為人生立世的借鏡；觀念的超前性，可以促進積極人生的昇華；文筆的優美性，可以使人生修養受到美的陶冶。從現代社會的特點看，《孫子兵法》不僅可以滿足處於競爭激烈的當代人生對智謀的需要，而且對於激發人的主動性，增強「事在人為」的觀念，具有促進作用。

以上僅僅從四個方面概略介紹《孫子兵法》在非軍事領域運用的情況，除此之外，在其他領域《孫子兵法》也有很強的實用性，本書將側重於其在商業領域的作用。

第二章：靈活變化的處世之道

有些人看到這個標題或許會產生疑問，那是一本兵書而已，怎麼可以與處世扯上關係，難道讓我們用其中的「詭道」謀略去處世？然也，我們正是建議你用「詭道」去處世，前提是正確瞭解孫子所謂的「詭道」，不可以把它當成你走入邪道的工具。《孫子兵法》教你處世就是告訴你：做人不妨靈活。

軍爭之難者，以迂為直，以患為利

【語譯】

與敵人爭奪有利條件時，最困難的地方是如何通過迂迴曲折的道路達到最佳目的，如何化不利為有利。

【原文釋評】

中國有一句老話：「忍一時風平浪靜，退一步海闊天空。」今天的忍與退，是為了明天的海闊天空。儒家的忍術，要求有寬廣的胸襟和做人的氣度，與孫子所說的「以迂為直」相同。暫時的讓步不是吃虧，而是為了更好的選擇，為下一個目標做準備，這就是做人的道理，贏在結果，不強調過程。

【經典案例】

西元六一六年，李淵被詔封為太原留守，北邊的突厥用數萬兵馬多次攻擊太原城池。李淵遣部將王康達率千餘人出戰，幾乎全軍覆滅。後來巧使疑兵之計，才勉強嚇跑突厥兵。更可惡的是，在突厥的支持和庇護下，郭子和等人紛紛起兵鬧事，李淵防不勝防，隨時都有被隋煬帝藉口失職而殺頭的危險。

在當時的人們看來，李淵當時是內外交困，必然會奮起反擊，與突厥決一死戰。不料李淵竟然派遣謀士劉文靜為特使，向突厥屈節稱臣，並且願意把金銀珠寶全部送給始畢可汗！

李淵為什麼這麼做？原來，李淵根據天下大勢，已經決定起兵反隋。想要起兵，太原雖然是一個軍事重鎮，但不是理想的軍事中心，必須西入關中，才可以號令天下。西入關中，太原又是李唐大軍不可丟失的根據地。用什麼辦法才可以保住太原，順利西進？

當時，李淵手下兵將只有三、四萬人馬，即使全部屯駐太原，應付突厥的隨時出沒，同時又要追剿有突厥支持的四周盜寇，已經是捉襟見肘。現在要進伐關中，顯然不能留下重兵把守。唯一的辦法是採取和親政策，讓突厥「坐受寶貨」，所以李淵不惜俯首稱臣。

李淵的退步策略獲得豐收，始畢可汗果然與李淵修好。後來，李淵派李世民出馬，不費多大力氣就收復太原。

由於李淵甘於讓步，還得到突厥不少資助。始畢可汗送給李淵許多馬匹及士兵，李淵又乘機買來許多馬匹，不僅為李淵擁有一支戰鬥力極強的騎兵奠定基礎，而且因為漢人懼怕突厥兵英勇善戰，李淵軍中有突厥騎兵，自然增加聲勢。

李淵讓步的行為，雖然有很大犧牲，不管是從名譽還是物質，但是在當時的情況下，不失為一種明智的策略，它使弱小的李家軍平安的保住後方根據地，又順利的西行打進關中。如果再把眼光放遠一點，突厥後來又不得不向唐帝國求和稱臣，當初的讓步可謂是九牛一毛。

由此看來，明謀善略者暫時的讓步，往往是贏取對手的資助，最後不斷走向強盛，伸展勢力再反過來使對手屈服的有用妙計。

古之所謂善戰者，勝於易勝者也

【語譯】

古時候善於打勝仗的人，總是取勝於容易戰勝的敵人。

【原文釋評】

「投其所好」是兵法中的「勝於易勝」在交際過程中的一個表現，就像釣魚要先知道魚愛吃什麼再以之為餌的道理一樣。

這一招對於初次見面就想要吸引對方的你極為有效，明白他的興趣和需要，從對方的角度考慮問題，容易引起共鳴。白居易說：「感人心者，莫先乎情。」情動而心動，心動後理順，理順以後，萬事皆成。

長期以來，「投其所好」一直被人們視作諛媚討好和拍馬奉迎的貶義詞。其實，如果「投其所好」的目的是光明磊落和合乎情理，它可以稱得上是與人交往中的一把萬能鑰匙。它的含義常指從對方的喜好和興趣入手，進而博得人的好感，進而產生瞭解、接納、合作等效果。

美國內戰時期的領導人喬治採取的就是這種方式，經常有人問他：「有些戰時的領導人被踢開或遺忘了，你為何還可以掌握大權？」他說：「如果你的出人頭地有任何理由，可能是因為你已經學到：如果要釣魚，餌必須適合魚。」

這說明一個簡單的道理，你感興趣的是你所要的，你永遠對自己所要的感興趣。但是別人並不見得對你所要的感興趣，他們只對自己所要的感興趣。因此，唯一可以影響別人的方法是談論他所要的，教他如何去得到。換句話說，一個人要逐漸學會以別人的觀點思考，以別人的觀點來看事情，如果你掌握這一點，它就可以變成你事業中的一個里程碑，你所做的每件事都會在對方迫切需要的狀況下有所收穫。例如：有一天，美國哲學家愛默生和他的兒子要把一隻小牛趕回牛棚，但是他們犯了一個一般人容易犯的錯——只想到他們所要的。愛默生在後面推，他兒子在前面拉。但是小牛所想的也是牠所要的，所以牠四腳蹬地，頑固不前。愛爾蘭女僕看到這個情況，想到那隻小牛所要的，就把她的拇指放入小牛的口中，讓小牛吮著手指，同時輕輕的把牠引入牛棚。從這個事例中可以看出，這位女僕雖然不像愛默生一樣博學多才、洞悉人間學問、著書立說流傳後世，但是由於在此應用「投其所好」這個方法，所以順利解除這個困境。

所以，我們為人處世一定要牢記一項定律：交往之前，知曉別人內心的渴望。

君命有所不受

【語譯】

有時候，君主的命令也可以不接受。

【原文釋評】

「君命」，有時候也相當於「權威」。

權威在人們的心目中已經根深蒂固，但是權威也不是堅不可摧。真正有作為和創意的人往往是有勇氣挑戰權威，不被權威束縛和嚇倒的人。

【經典案例】

世界著名交響樂指揮家小澤征爾，在一次歐洲指揮大賽的決賽中，按照評委會給他的樂譜在指揮演奏的時候，發現有不和諧的地方。他認為是樂隊演奏錯了，就停下來重新演奏，但是仍然不如意。這個時候，在場的作曲家和評委會的權威人士鄭重的說明樂譜沒有問題，而是小澤征爾的錯覺。面對一批音樂大師和權威人士，他思考再三，突然大吼一聲：「不，一定是樂譜錯了！」話音剛落，評判台上立刻報以熱烈的掌聲。

原來，這是評委們精心設計的圈套，以此檢視指揮家們在發現樂譜錯誤並且遭到權威人士「否定」的情況下，能否堅持自己的正確判斷。前兩位參賽者雖然也發現問題，但是最終因為妥協而遭到淘汰。小澤征爾則不然，因此他在這次世界音樂指揮家大賽中摘取桂冠。

處世沒有智慧不行，沒有勇氣也不行。誰也不敢說有智慧的人一定有勇氣，但是缺少智慧的人，大概也沒有勇氣，或是其勇氣亦是不足取的。

怎樣是有勇氣？不為外在威力所懾，視任何強大勢力若無物，擔負任何艱鉅工作而無所怯。沒有勇氣的人，容易看重既成的局面，往往把既成的局面看成是不可改變的。說到這裡，我們不得不佩服孫中山先生，他是一個有勇氣的人。他以匹夫之身，想要推翻兩百多年大清帝國的統治，沒有瘋狂似的野心，是不能做此想的，然而沒有智慧，此想亦不能發生。他何以不被強大無比的清朝所懾服？他並非不知其強大，但是同時他知此原非定局，而是可以改變。他何以不自覺渺小？這就是他的智慧。有此觀察和瞭解，則其勇氣更大。正因其有勇氣，心思乃益活潑敏妙。智也，勇也，都不外其生命之偉大高強處。反之，一般人氣懾，則思呆也。

沒有勇氣不行。無論任何事情，你總要看它是可能的，不是不可能的。無論面臨的是如何強大的「權威」，都要敢於不受「君命」。

一個人如果在權威面前養成卑躬屈膝的習慣，不僅只能生活在別人的影子中，而且別人也未必看得上你，想要成就事業就要脫離權威的陰影。

然而，不是任何時候都可以挑戰權威，就像孫子說的「有所不受」，只有當你覺得權威是錯誤的，或是不符合當時的情況才可以，前提是你的挑戰不能與法規和制度相衝突。

知彼知己，百戰不殆

【語譯】

瞭解敵人和自己，百戰都不會失敗。

【原文釋評】

瞭解別人，從別人的角度出發為對方考慮，同時也給對方一個機會瞭解自己。打開心扉，包容別人，不僅會增進雙方的情感，更重要的是，在這樣的溝通與瞭解中，自己也擁有一份幸福，這是人與人之間的一種美德。

人與人之間如果缺乏瞭解，就會產生誤會。為什麼會這樣？因為人們往往有一種傾向，喜歡用他們自己的反應來判斷別人的反應，即以己之心度他人之腹。即使在家庭中，父母和孩子的性格和觀點不同，或是性格很相似，卻不能認識到這一點，因而造成各種衝突。

【經典案例】

一位有才能和進取心的二十四歲青年在被老師問及有什麼問題時，他回答：「有！我的母親。事實上，我已經決定在這個星期天離開家庭。」老師向他分析：「你的行為和你母親的行為似乎十分相似，就像兩種同極磁力相互作用時，它們就會互相抵抗與排斥。如果你可以根據對待她的方式來確定她將如何待你，也許可以透過分析你自己的感情來評價你母親的感情，就可以輕易的解決你的問題。」

老師告訴他：「如果你可以瞭解你的母親與自己性格的相似，主動做出一些友好和積極的表示，例如：當她告訴你去做什麼事情，你就愉快的去做；當她給你一個建議，你就誠懇的說出自己的想法或完全接受；當她生氣時，你說一些好聽的話……這樣一來，就會取得令人高興的效果。」

一個星期之後，當老師再次詢問這個青年時，他回答：「我很高興，在這個星期中，我們之間沒有說過一句令人不愉快的話。知道嗎？我已經決定留在家裡。」

有時候，家庭產生矛盾的原因在於父母沒有認識到時間既改變自己，也改變孩子。所以，他們不能調整自己去適應孩子及他們本身的變化。

一位律師和他的妻子有五個孩子，但是他們並不愉快，因為大女兒是一個大學一年級的學生，不按照他們所規定的方式生活。他們希望女兒能幫忙做家事，或是到外面找工作，但是女兒自己卻很喜歡彈鋼琴，不喜歡做家事。女兒有雄心、有能力、有自己的特點，想要按照自己的方式生活，不願意聽命於父母。父母認為彈鋼琴是浪費時間，作為一個女孩子，總有一天她要結婚，所以她應該實際一些。

父母用一種方式思考，女兒用另一種方式思考，導致他們對彼此都很難瞭解。但是，當他們三個人致力於互相瞭解之後，又和睦的相處。

由此可見，互相瞭解是解決家庭矛盾與糾紛的鑰匙，是家庭幸福的重要條件。只有知彼知己，才可以百戰百勝，解決一切棘手的問題。

事實上，瞭解不僅僅是幸福家庭的一把鑰匙，在處世的其他情況下，也具有非常大的實效性，例如與朋友、與主管、與同事……可以做到相互瞭解，就可以擁有美麗的人生。

凡戰者，以正合，以奇勝

【語譯】

凡是作戰，都是以「正」兵擋敵，以「奇」兵取勝。

【原文釋評】

孫子主張「戰者，以奇勝」。這個「奇」字，含義頗妙，它既要使人出乎意料，又要很好的發揮己方的優勢，令敵方防不勝防。

為人處世也講究「奇」。打破常規、標新立異、逆向思考，往往能讓你脫穎而出。

【經典案例】

初唐宮廷詩風盛行，陳子昂雖然滿腹經綸、才華橫溢，也只是一個名不見經傳的文人。他初到長安，想要讓人知曉自己的名聲和才氣，談何容易！

這一天，陳子昂聽說西市中有人賣一把古琴，賣價紋銀一百兩，因其價格昂貴，幾天內都無人問津，只是引來越來越多的人圍觀，於是陳子昂來到市集，拿出二百兩銀子，立即買下這把琴。

眾人吃驚的問：「為什麼用這麼高的價格買琴？」

陳子昂說：「這把琴乃世間少有之珍品，奏出音響如天籟清聲，弦弦珠璣，如風齊鳴。因為我酷愛此琴，所以出高價買下。」

眾人又一驚，請求陳子昂彈奏一曲給大家聽聽。陳子昂指著琴說：

「明日請眾位到宣武門下，聽我彈琴。」

這個消息一傳十，十傳百，很快傳遍長安，到了第二天，宣陽城下擠滿無數來看琴、聽琴的人，大家都看著陳子昂。

這個時候，陳子昂走上城頭，捧起琴對大家說：

「我叫陳子昂，四川人，做有文章一百卷，奔走京城，碌碌塵上，不為人知，此琴雖然名貴，樂曲雖然動人，不及我的文章，因此，在我看來，它有如廢物！」

說罷，他高高舉起琴，一摔而碎。然後走下城頭，把自己的文章一一贈給眾人。

就這樣，只用一天時間，陳子昂的名字與他的才能傳遍大半個京城。

後來，陳子昂果然成為名垂千古的一代文家，也成為唐朝雄健詩風的最初宣導者。

陳子昂以「買琴」、「奏琴」、「摔琴」這些出「奇」的舉動，達到宣傳文章和廣播己名的目的，進而一鳴驚人。

對於現代人來說，在處世過程中如何從眾多人之中脫穎而出，確實應該在「奇」字上下功夫。我們也不主張過於「奇」，一些譁眾取寵的「奇」招還是少用為妙。

故迂其途，而誘之以利

【語譯】

以利引誘敵人，使其行迂趨患，陷入困境。

【原文釋評】

天有陰陽，人有善惡。善人做善事，不喜歡用「詭道」；惡人行惡事，滿腦子是邪念。然而，如果善人對惡人只做善事，就會應驗「人善被人欺」的箴言，就是愚蠢的善人！善人之善，在於讓眾人得善。讓眾人得善，不僅要對善人做善事行正道，還要對惡人施「詭道」。所以，對惡人施「詭道」就是對善人做善事，是真正的善人。

【經典案例】

在湖北襄陽城南門口，有一家旅店，老闆姓趙。說起這個趙老闆，遠近都知道他是一個為人奸詐、唯利是圖的人。白米飯中摻糙米，一盤肉裡盡是碎骨頭，客商與過往行人都不願意進這間店。無奈南門口只有這家旅店，所以到南門口辦事的人不得不在這裡投宿。

有一天，有一個過路客商大搖大擺的走進店裡。趙老闆一看他那個架勢，知道又有油水可撈，躬著腰迎上去，問道：「貴客哪裡來的啊？」那位客商回答：「我是武漢來的，後面還有五個夥計，趕著三十多頭豬，天氣太熱，想來貴店休息片刻，中午過後再走，不知道有沒有放這些豬的地方？」趙老闆一聽，來者果然是一個有錢人，看來今天的油水撈定了，如此良機，豈能放過。於是，他立刻討好那位客商：「請坐請坐，有什麼儘量吩咐，敝店盡力而為。」客商應聲：「老闆太客氣了，我們五個人共要煮三升米，炒三隻雞，再來二斤半白酒，熬四斗米的稀粥，備作豬食。」「行，行，現在就做。」趙老闆趕緊招呼老婆煮飯和殺雞，自己架上三口大鍋，熬起稀粥。

過沒多久，一陣雞香味飄進房裡，那位客商見自己夥計還沒有趕到，心裡不免著急，一直跑到店門口張望。趙老闆一看，連忙招呼老婆把飯菜端上來，轉身對那位客商說：「飯菜做好了，你就先吃吧，何必一個人在這裡苦等？」客商想想也是，就說：「也可以，不如我邊吃邊在這裡等他們。」於是，客商坐下吃喝。他看見趙老闆饞涎欲滴的坐在桌邊，大方的對趙老闆說：「店家，你也來喝幾杯吧，錢全由我付。」趙老闆巴不得客商說這句話，假意推辭幾句，就順水推舟的一起喝酒。

吃飽喝足了，客商那幾個夥計還沒有趕到，客商沉不住氣了，跑到門口望了幾回，大路上連個影子也沒有。一定出事了！客商哭喪著臉對趙老闆說：「店家，幫個忙吧，請你把那三鍋粥熬得稀爛些，我去接他們，今晚不走了，就住你這裡！」說著，又從身上解下一個錢褡子，交給趙老闆說：「店家，隨身帶著也不方便，請幫我保管一下。」趙老闆接過錢褡，心裡樂壞了：你交給我這個錢褡也沒有說多少數目，待會我可以拿掉一些，看你可以拿我怎麼樣？想到這裡，就滿口答應：「可以，可以，你快去接他們吧！」

客商謝過趙老闆，三步併作兩步奔出店門。趙老闆看著那位客商走遠了，得意洋洋的拉起老婆回到屋裡，提起錢褡往桌上倒。只聽「稀哩嘩啦」一陣聲響，趙老闆傻眼了。沒有想到，倒出來的卻是一些扁圓的鵝卵石，裡面還夾著一張紙條，上面寫著：「趙老闆，活剝皮，酒摻水，飯糊黏；今日碰上唐慣石，請你嘗嘗稀粥味。」

原來，這位客商不是別人，正是大名鼎鼎的唐慣石！唐慣石也是貧家子弟，他生性豪爽，仗義執言，平時喜歡打抱不平。前天路過此地，聽得趙家店如此貪財圖利，唐慣石存心整治趙老闆，今天就是衝著他來的。趙老闆夫妻兩人，原本以為可以撈到油水，殊不知丟了雞、賠了米不算，煮粥時摻了六斤糠，這一下子，三鍋粥也全完了。兩人嚎啕大哭。眾客商見了，一陣哄堂大笑。

要對惡人施「詭道」，最好的方法就是以利誘之，因為惡人往往是見利忘義之徒。

以上這個故事中的趙老闆損人、坑人、害人，對這樣的惡人不懲治，豈不是要讓更多人被損、被坑、被害嗎？然而懲治要有道，對惡人以利誘之最有效。這叫「以毒攻毒」、「以牙還牙」、「以其人之道還治其人之身」。

唐慣石先以「有錢人」氣勢出現，給趙老闆可圖之「利」，就將趙老闆「誘」住，此為一誘。

繼而抛出「五個夥計」、「三十多頭豬」、「煮三升米，炒三隻雞」、「來二斤半白酒」、「熬四斗米稀粥」之「利」，再將趙老闆「誘」住，此為二誘。

最後抛出「今晚不走了，就住你這裡」之「利」，以及交出沒說出數目的錢褡子請趙老闆幫助照管之「利」，更把趙老闆牢牢「誘」住，此為三誘。至於請饞涎欲滴的趙老闆一起喝幾杯的蠅頭小利，也是趙老闆自己的酒水錢。

試想，有此三「利」、三「誘」，還不把趙老闆「耍」得團團轉？

由此可見，處世之中如果遇到惡徒欺壓，不妨巧用孫子兵法中的「以利誘之」，讓其吃盡苦頭。一來為自己出一口惡氣，二來也可以為他人打抱不平，三來讓惡徒知道厲害，有所收斂。一舉三得，何樂而不為？

故用兵之法，無恃其不來，恃吾有以待之；無恃其不攻，恃吾有所不可攻也。

【語譯】

所以用兵的法則是：不要希望敵人不會來，而要依靠自己，充分準備；不要希望敵人不會進攻，而要依靠自己有使敵人無法擊破的力量。

【原文釋評】

孫子的這個主張，在處世上有一句老話可與之對應，「害人之心不可有，防人之心不可無。」與別人交往，尤其是在商場上，固然不能想著害別人，但是要知曉「人心隔肚皮」，不可不防別人，尤其是做生意之人絕對不可無防人之心。商場上合作可以，但是不能依賴最好的朋友，甚至是至親也不能相信。因為人心防不勝防，有防人之心就可以應對突如其來的變故。

【經典案例】

慈祥和藹的爺爺正和小孫子在屋裡玩耍，爺爺滿臉愛意的和小孫子在沙發和窗台間轉來轉去，小孫子玩得開心極了。

小孫子看見爺爺今天心情這麼好，也異常頑皮。爺爺把他放在壁爐上，鼓勵他使勁兒往下跳，跳了一次，爺爺接住他，又把他抱上壁爐，鼓勵他再跳。小孫子看見爺爺伸著手，毫不猶豫的跳下來，但是這一次，爺爺突然縮回雙手，小孫子撲通一聲掉到地上，痛得大哭大鬧，爺爺卻在一旁微笑。

面對旁人不解的神色，爺爺回答：「我是一個成功的企業家，我知道怎樣去相信別人。小孫子並不知道，他以為爺爺是可靠的。但是這樣的事情重複二至三遍，他就會逐漸明白：爺爺也不可靠，不要盲目相信任何人，靠得住的只有自己。」

對於瞬息萬變、風雲莫測的商場來說，相信人應該慎之又慎。虛假的需求資訊，深藏欺詐的報價，說得天花亂墜的廣告，都是防不勝防的陷阱，你如果沒有防備，隨時可能血本無歸。

孫子云：「知彼知己，百戰不殆。」尤其是與人合作，更不可忘記這個深刻的古訓。永遠對你的對手保持警惕和戒備，隨時隨地密切注意對手的情況，如果不把問題搞清楚，就倉促與對方簽合約做生意，將是十分危險。

根據資深的廚師說，每條魚的紋路都不一樣，從魚的外觀可以分辨魚的味道，大多數人在和對手打交道很長時間之後，仍然對對手的情況知之甚少，而且我們還缺少對他們瞭解的好奇心，這樣粗枝大葉的做生意，怎麼可以指望獲得全面的勝利。

有些人對信譽過分依賴，越來越多的企業家懂得建立良好的信譽意味著生意的興隆，信譽越牢固越好，但是落實到做生意時，信譽是不能依靠的。

孫子說：「兵不厭詐。」精明的企業家和高明的騙子都知道這個道理，很可能剛開始在你面前顯示的幾次信用，只是引誘你步向深淵的一個詐術。

在商場上，即使成功的與對方合作一次，並不意味著下一次就有保證，別人不一定會因此信任你，你不必指望它會給你帶來多大的好處，同時你也不能因此信任對方。商場中，沒有永遠的朋友，每次都是「第一次」。

故不知諸侯之謀者，不能豫交；
不知山林、險阻、沮澤之形者，不能行軍；
不用鄉導者，不能得地利。

【語譯】

所以不瞭解諸侯各國的圖謀，就不要和他們結成聯盟；
不知道山林、險阻、沮澤的地形分布，就不能行軍；
不使用嚮導，就不能掌握和利用有利的地形。

【原文釋評】

孫子在這裡說的是對關係國各方面的瞭解，他主張既要瞭解地形，又要瞭解該國各方面情況，還必須瞭解諸侯之謀。這裡講的不只是軍事地形和軍事地理問題，還是一個如何處置國際關係，在外國如何謀劃戰爭，指揮軍事行動的問題。也就是要在進入異鄉異地時，瞭解當地的風土人情、社會關係、人際關係，如果不這樣，行軍、打仗、外交活動就會招致失敗。

靈活的人，一定要具備靈活應對各種人的能力，不能對不同的人用同一種方式對待。

和別人溝通，首先要看對方是什麼人，因為每個人的脾氣和稟性不同，所以他所能接受的說話方式就可能不一樣。想要達到求人成功的目的，就要收集資訊，因地制宜，運用適當的技巧，千萬不可意氣用事，引起被求對象的反感，這不是解決問題的正確方法。

所以要求人必須先控制自己的情緒，除了控制情緒之外，交涉時還要消除「自我限制」的心理，因為自我限制往往使人作繭自縛，說話也不會有創造性的成果。

此外，在求人的過程中，也要善於利用資訊。現代人擁有許多資訊，卻不知道如何去利用它，甚至還會使用錯誤，造成反效果。所以，求人時必須先明白自己的行動目標，把握資料的正確使用方法，隨時觀察對方的反應，尤其是越到最後階段，越不能有絲毫的疏忽，最好是順著對方的思路去接近對方，才可以使對方心悅誠服，與你攜手合作。要是一意堅持己見，結果當然背道而馳，距離目標越來越遠。

技巧有如種子，種什麼因，就結什麼果。如果希望順利達到求人的目的，就必須研究出一套適當的方法，尤其是言談的技巧，才可以達到預期中的理想效果。至於什麼樣的方法最適當，沒有一定的標準，只要光明磊落，不搞旁門左道，因人因事而分別應變，知道何時應該緊追不捨，何時應該放他一馬，以求取最佳的結局。

請求別人做事的時候，如果可以明白對方屬於何種類型，說起話來就比較容易。現在列舉十種人以供參考：

死板的人

這種人比較木訥，就算你很客氣的和他打招呼，他也不會做出你所預期的反應。他通常不會注意你在說些什麼，甚至你會懷疑他聽進去沒有？你是否也遇到過這種人？

求這種人的時候，剛開始多少會感覺不安，但也是沒辦法的事情。

舉一個例子，當你遇到王先生時，直覺立刻告訴你：「這是一個死板的人。」此人體格健壯，說話帶有家鄉口音，至於他是怎樣的一個人，你卻不太清楚。除了從他的表情中，可以察覺些許緊張之外，其他的，一點也看不出來。

遇到這種情況，你就要花一些功夫注意他的一舉一動，從他的言行中，尋找出他真正關心的事情。你可以隨便和他閒聊一些話題，只要可以使他回答或產生一些反應，事情也就好辦了，接下來，你要好好利用此類話題，讓他充分表達自己的意見。

例如：當你們聊到有關保齡球時，王先生的話就開始多起來，表示他對這種球類運動很有興趣。他很起勁的談到打球的姿勢、球場的情況和自己最近的成績……原來死板的表情，竟然一掃而空，代之以眉飛色舞。

每個人都有他感興趣和關心的事情，只要你稍一觸及，他就會開始滔滔不絕的說，此乃人之常情，因此你必須好好掌握話題的內容，並利用這種人性心理。

傲慢無禮的人

有些人自視甚高而目中無人，經常表現出一副「唯我獨尊」的模樣。像這種舉止無禮、態度傲慢的人，實在叫人看了生氣，是最不受歡迎的典型。但是，當你不得不求他的時候，你應該如何對付他？

對付這種類型的人，說話應該簡潔有力，最好少跟他囉嗦，所謂「多說無益」正是如此，因此你要盡量小心，以免掉進他的圈套。

不要認為對方客氣，你也禮尚往來的待他，其實，他多半缺乏真心誠意。你最好在不得罪對方的情況之下，言辭盡可能「簡省」。

每個人都有自己的立場和苦衷，因此我們只要同情他，不必理會他的傲慢，盡量簡單扼要的說話。

沉默寡言的人

和一個不愛開口說話的人溝通實在非常吃力，因為對方如同啞巴一樣，半天說不出一個字，你就沒辦法瞭解他的想法，更無法得知他對你是否有好感。

對於這種人，你最好採取直截了當的方式，讓他明白表示「是」或「不是」，「行」或「不行」，盡量避免迂迴的談話。你不妨把所有的選擇都擺在他的面前，直接對他說：「對於A和B兩種辦法，你認為哪一種比較好？是不是A方法比較好？」迫使他做出回答。

深藏不露的人

我們周圍存在許多深藏不露的人，他們不肯輕易讓人瞭解其心思，或是讓人知道他們在想些什麼。有時候甚至說話不著邊際，一談到正題就「顧左右而言他」，自我防範心理極強。

與這樣的人溝通更是難上加難，往往讓人無所適從。

但是，當你遇到一個深藏不露的人時，只有把自己預先準備好的資料拿給他看，讓他根據你所提供的資料，做出最後決斷。

人們多半不願意將自己的弱點暴露出來，即使在你要求他做出答案或提出判斷時，他也故意裝傻，或是故意言不及義的閃爍其詞，使你有一種「莫測高深」的感覺，其實這只是對方偽裝自己的方法。

草率決斷的人

這種類型的人，乍看好像反應很快，你求他的時候他非常快，甚至還沒有聽明白你到底要做什麼的時候，忽然做出決斷，給人「迅雷不及掩耳」的感覺。由於這種人多半性子太急，因此有時候為了表現自己的「果斷」，決定就會顯得隨便而草率。

這類人決斷過於草率，其特徵是：沒有耐心聽完別人的談話，往往「斷章取義」，自以為是的妄下決斷。如此草率做下的決定，多半會留下後遺症，招致意料不到的枝節發生。

和這種人溝通，也要按部就班，如果你遇到上述這種人，最好把談話分成若干段，說完一段（一部分）之後，立刻徵求他的同意，沒問題再繼續進行，如此才不會發生錯誤，也可避免發生因為自己話題設計不周到而引出的不必要麻煩。

糊塗的人

這種人一開始就不明白你的意思，和他長時間頻繁的接觸，結果也是枉然。經常犯錯的人不外乎兩種：一種是自己從來不知反省；另一種則是理解能力差，完全不明白別人的談話。

頑固不通的人

固執的人最難應付，他們的原則太多，他們有時候在堅持什麼，他們也不知道。因為無論你說什麼，他都聽不進去，只知道堅持自己的觀點。求這種頑固的人，最累人又浪費時間，結果往往徒勞無功。因此，要和這種人說話的時候，千萬要記住「適可而止」，否則談得越多越久，心裡越不痛快。對付這種人，你不妨及時抱定「早早脫身」的想法，隨便敷衍他幾句，不必耗時費力，自討沒趣。

行動遲緩的人

對於行動緩慢的人，交涉的時候最需要耐心。

求人時，可能經常會碰到這種人，此時你絕對不能著急，因為他的步調總是無法跟上你的進度，換句話說，他很難達到你的標準。所以，你最好按捺著性子，拿出耐心，言談上永遠不要顯示出生氣的意思，並且盡可能配合他的情況去做。

此外應該注意的是：有些人言行並不一致，他可能處事明快果斷，只是行動不相符合。

自私自利的人

自私自利的人為數不少，無論你走到哪裡，總會遇到幾個。這種人心目中只有自己，凡事都將自己的利益擺在前面，要他做一些於己無利的事情，他是斷不會考慮的。

他所堅持的，一定是自己的利益，至於其他事情，他不會在意如何做好它，只考慮怎樣做最省事。這種慳吝之徒，誰都不會對他產生好感。

但是，當你不得不求他的時候，只有暫時按捺自己的厭惡之情，說話要順水推舟、投其所好。當他發現自己所強調的利益被肯定，自然就會表示滿意。

毫無表情的人

人的心態和感情，通常會經由臉部的表情顯現出來，所以在求人的時候，這些往往可供作為判斷情況的工具。然而，有些人卻是毫無表情可言，也就是說，他的喜怒不形於色，這種人不是深沉就是呆板。當你需要和這種人進行交談的時候，最好的方法就是特別注意他的眼睛和下巴。

你可以從對方的表情中，看出他對你的印象究竟如何？有時候，自己會過分緊張得連表情都很不自在，此時，你不妨看看對方的反應：毫不在意、無動於衷？還是已經察覺、面露質疑？留意他的眼神，你一定可以得到答案。知道他的態度，話自然就好說。

與這種人溝通，不要被他這種表情嚇住，一定要從容不迫。但要注意的是，當你明白對方的反應可能是受自己的應對態度所影響，進而影響到結果時，就不得不特別注意、檢討自己的言行舉止。

能說善道，不僅要有嘴上功夫，更要有能力。不同的人，要用不同的方法應對，才是一個靈活的人必備的。

孫子說：「兵不厭詐。」精明的企業家和高明的騙子都知道這個道理，很可能剛開始在你面前顯示的幾次信用，只是引誘你步向深淵的一個詐術。

第三章：成功創業的必勝方法

有人說：「掌握成功創業之道，就等於拿到成功創業的鑰匙。」確實如此，非凡的成功，不同凡響的創業招數，最實用最有效的創業方法都是有章可循的。當我們翻開《孫子兵法》一書時，就會驚奇的發現，原來孫子早在兩千多年前，就為我們精心製作一本無往而不利的創業秘笈。

善用兵者，役不再籍，糧不三載；取用於國，因糧於敵，故軍食可足也。

【語譯】

善於用兵的人，兵員不一再徵集，糧草不多次運送；武器裝備從國內取用，糧草補給在敵國就地解決，軍隊的糧食就可以充足供應。

【原文釋評】

「因糧於敵」是孫子在〈作戰〉篇中提出的重要作戰補給原則。它的精髓是取之於敵，以戰養戰。這種兵家克敵制勝的妙法也可以運用到創業，那就是「借米下鍋」，借別人的錢創自己的業。沒有一個企業家不希望自己的企業成功，獲利的前提之一是必須有足夠的資金。對於創業和發展中的企業，資金是一個重要的議題。這個時候，企業家可以採取一種用借來的錢賺錢的方式，俗稱「借雞生蛋」。

【經典案例】

在用別人的錢來創造自己的事業方面，美國商界大亨洛維格是一個成功的範例。洛維格九歲時，他發現一艘沉入水底的小汽船。他用自己打零工的錢，再加上向父親借的錢，湊了二十五美元，買下這艘沉船。然後把它打撈上來，花了一個冬天修好它，再把船租出去，賺了五十美元。這是他第一次發現借錢的作用。但是真正懂得借錢的價值，並創造性的借錢生利，還是在他四十歲的時候。

當時，他準備借錢買一艘貨船，改裝成油輪，以賺取更多利潤。因為載油比載貨更有利可圖，他到紐約找了好幾家銀行，但是人家看到他磨破的襯衫領子就拒絕他。這個時候，他想了一個辦法。他有一艘油輪，他以低廉的價格把它租給一家石油公司，然後拿著租約再去找銀行，告訴他們租金可以每月轉入銀行來分期抵付他所借貸的款項本息。

銀行考慮這個看似荒誕不經的借款方案，雖然洛維格沒有資產信用，但是石油公司卻有良好信譽。銀行每月收租金，剛好可以分期抵付貸款本息，銀行並不吃虧。就這樣，洛維格巧妙的利用石油公司的信譽為自己貸到款項，他買了一艘船。這樣一來，每當一筆債付清之後，洛維格就成為某條船的主人。他的資產、信用以及他的襯衫領子，都迅速的改善。

洛維格更巧妙的借錢策略還在後面。他設計一艘油輪，在還沒有建造時，他就找到人，答應在船完工後把它租出去。他拿著租約，去找銀行借錢。銀行要船下水之後，才可以開始收錢。船一下水，租金就可以轉讓給銀行，貸款也可以分期付清。

這種想法，開始時使銀行大大吃驚，因為洛維格等於是無本生利，他一分錢都不用出，靠銀行貸款來造船，又靠租船的租金還貸款。但銀行最終還是同意這樣做。不只是因為洛維格的信用已經沒有問題，而且還有租船人的信用加強還款保證。洛維格靠這種方法，建造一艘又一艘的船，他的造船公司開始成長。

企業家們都希望透過借貸來發展企業，但是像洛維格這樣創造性的借錢生利，卻不多見。洛維格拿別人的錢打天下，他成功了。他的成功對我們不是一種啟迪嗎？

透過以上的例子，我們可以看出在現代經濟中，「借」對於一個企業的成功有多麼大的意義。借錢要還，而且還要付利息，甚至貸款利息比存款利息高。借錢來生財當然有風險，但是如果不冒這個風險，就連第一步也跨不出去。一位獲得成功的企業家說：「**我最需要的就是讓別人來強迫我做那些我自己可以做，而且應該做的事情。換句話說，就是需要一種壓力。**」強迫自己借錢，就是給自己壓力，使你陷入背水一戰的局面。你只好強迫自己行動，改掉散漫的習氣，使資金儘快周轉，這就是借錢的第一作用。更重要的是，借錢可以使你的企業更適應目前的商業形式，使企業順利發展，而且使你更慎重的審視你自己的投資方向。

作為一個企業家，最主要的還是應該瞭解借錢的具體方式和操作技巧，以及其中的一些原則和作借錢決策時應該注意的問題。整體來說，在現代經濟中，借錢的具體方式可以分為：銀行貸款、企業內部融資、租賃業務、商業信用……企業家只要認真掌握其技巧，就可以在商界中縱橫捭闔，解除資金上的後顧之憂。也可以說，企業家只要「借錢」成功，就可以為今後企業的發展開拓更廣闊的前景。

上兵伐謀，其次伐交

【語譯】

用兵的上策是以謀略勝敵，其次是透過外交手段獲勝。

【原文釋評】

從這段話我們可以看出孫子非常重視外交關係的作用，將其放在決定戰略高明與否的第二位。事實上，外交關係對於一般人來說，就是所謂的人際關係和社會關係，在處世中的作用也是極為重要，尤其對於創業者來說，良好的人際關係可以讓你少遇到困難，「人脈決定財脈」，這句話一點也不誇張。

生活中，人們經常說：「在家靠父母，出門靠朋友。」就是孫子「伐交」謀略在現實中的表現。如果用在成功創業方面，這些「伐交」含義就是如果在創業時能擁有良好的社會關係基礎，在創業時就會事半功倍，憑藉良好的社會關係和人際關係，在創業的時候就會有很多人來幫助我們，向我們伸出援手，使我們早日到達成功的彼岸。

相反來說，假如我們在創業時，沒有儲備良好的社會關係，我們在創業的時候就會比別人付出更多的代價，甚至會有許多的力量和我們做對，阻礙我們的創業步伐，使我們做什麼事都變得很艱難。

商場，就是一個沒有硝煙的戰場。在這個戰場上，如果沒有足夠的人際關係，可以說是寸步難行。

因為在人際關係這張網上有很多關係，例如：人緣關係、業務關係，甚至還包括做事的管道、資訊的來源……它是一種很微妙的東西，它的存在是無處不在和無時不在。它已經滲透到社會關係的每個角落，甚至已經滲透到人的心靈深處。它不僅影響個人的行為，而且也影響和決定個人的存在，自然也就影響和決定你生意的成敗，決定你創業的成敗。

假如你要在商場上創業，你就必須做好社會關係的儲備。其實，在商場上創業是這樣，其他的創業也是這樣，例如：你要在演藝界創業，或是要當一名律師或醫生，良好的人際關係和社會關係都是不可缺少的創業準備，而且準備的越多越好，你的創業步伐就會更快一些，這已經是一個明顯的事實，誰都可以從現今的社會上看到這一點。

明智的創業者，都懂得「伐交」的道理。在創業之前，如果他已經有意於從事某個行業，他就會盡自己的所能去結識這個行業裡的知名人士，虛心向這些知名人士或成功人士請教，聆聽他們的教誨，討要他們的名片，把這些作為重要的資源儲備，以便在將來發揮作用，幫助自己解決許多問題。

現在我們就不難瞭解，為什麼過去每個成功的人都有一本又一本的名片冊，現在每個成功的人都一定擁有一個筆記型電腦。這名片冊和筆記型電腦不僅僅是一個工具，它裡面儲存著豐富的社會資源。它就是眾多成功人士走向成功，打開成功大門的關鍵。

懂得儲存社會關係的重要性，以下就來說明儲備社會關係的方法和原則。儲備社會關係的方法各式各樣，並且因人而異，但是基本的方法與原則卻是每個人都適用。

多團結人，不可輕易樹敵。就是說在與人的交往中，你可能會碰到各種類型的人。在各種類型的人之中，肯定有你喜歡的人，也有你不喜歡的人。對於你喜歡的人，交往親近非常容易，團結這些人並不難，問題的關鍵是要和你不喜歡的人建立良好關係比較困難。如何和你不喜歡的人建立良好的人際關係？你可以這樣做，首先盡量挖掘你不喜歡的人的優點，盡量用包容的心態對待他的缺點，如果你可以做到這些，也許就可以與你不喜歡的人結為朋友。但是有些人身上缺點和毛病太多，你無論如何也找不出他的優點，或無法包容他的缺點。對待這種人，你實在無法與他交往，你就要學會喜怒不形於色，做到不當面指責或指出他的缺點，不和他爭吵，不發生正面衝突。這樣做就不至於使這些人成為你的敵人，因為如果成為你的敵人，就會為你將來的創業製造很多不必要的麻煩。

多結交成功的人，遠離失敗者。中國有一句古訓說得非常好：「近朱者赤，近墨者黑。」這句古訓講的就是這個道理。我們之所以要多結交成功的人士，就是這些成功的人比我們優秀，我們可以從他們身上學到很多有益的東西，他們的優秀品格時時刻刻都可以使我們的缺點暴露出來，他們可以成為我們一個很好的學習榜樣，他們成功的事例能不斷的激勵我們在創業中前行，如果我們和這些成功者關係非常好，這些人還會伸出友誼之手，在關鍵的時候幫助我們。總之，和這些人交往有利無弊。相反的，和失敗者交往或是和不如我們的人交往，顯然我們不能學到任何東西。因此，和優秀的人和成功者交往是儲備人際關係的一個重要原則。

多與社會名流建立關係。社會名流都是社會上有影響的人，這些人神通廣大，社會關係複雜，辦起事來容易，如果可以與這些人建立良好的個人關係，無異於為我們的創業插上翅膀。所以，可以與這些人交往是一件有益的事情。

但是這些名流往往都有他們固定的交際範圍，一般人很難進入到他們的圈子裡，創業者絕大多數在創業之前都沒有良好的社會背景，都是一些無名之輩，因此，結交這些人更是難上加難。但是這並非不可能，我們可以從以下幾個方面進行。例如在與名流交往前，多瞭解有關名流的資訊，託人引薦，多參加社會公益活動，多出入名流經常出沒的場所，這樣做你就會有機會結交到這些社會名流。在結交這些社會名流的時候，要給對方留下一個好的印象，千萬不要死纏爛打，這樣做只會得到相反的結果。與這些人交往，想要經由一次的交往就建立良好的關係比較困難，應該多製造一些機會，經由多次的接觸才可以建立較為牢固的關係。

禮多不怪。不管和什麼人交往都要注意禮節，這也是儲備人際關係時必須掌握的一個原則。和有身分的人交往，這一點可能很容易就可以做到，因為對方的權勢、地位、實力使你為之敬畏，不由得你不注重禮節。但是很多人在交往時卻往往產生這樣的迷思，即認為好朋友之間無須講究禮節，他們認為和朋友講究禮節好像會傷害朋友的感情。其實，這種認識非常錯誤，他們並沒有意識到，朋友關係也是一種人際關係，任何人際關係可以存續的前提就是相互尊重。禮節雖然繁瑣，卻是相互尊重的一種重要的形式。離開這種形式，朋友之間的關係也就難以存續。

即使是朋友，每個人都希望擁有自己的空間，不講禮節就可能侵入到朋友的私人領域，干擾朋友的生活，如果這種情況出現多了，就會傷害朋友的情感，再好的關係也會因此而終結。因此，禮多不怪確實是前人總結的一個生活真理，可以有效的防範我們出現交往錯誤，影響我們的創業。

掌握「伐交」的原則和方法，下一步怎麼做，就需要你來決定。

出其所不趨，趨其所不意

【語譯】

出擊敵人無法馳救的地方，奔襲敵人未曾預料的地方。

【原文釋評】

所謂「出其所不趨，趨其所不意」說明的道理是要善於打破常規、推陳出新。在經商尤其是創業初期，從一個地方找到突破的方向，就可以穩紮穩打的做好生意。

人類社會早期，社會成員幾乎沒有什麼分工可言。社會分工的細化，實際上是人類社會文明進步的一種表現。到了現代社會，分工更為細化，對於創業者選擇自己的創業領域和完成創業理想來說，這個因素不能不考慮。

中國有一句俗話：「隔行如隔山」。雖然社會生活中的各行各業緊密的聯繫在一起，但是每個行業之間存在許多看得見與看不見的隔閡和區別，每個行業都有其自身的經營之道。所以，無論你是久經商場還是初出茅廬，如果這次創業要涉足一個自己並不熟悉的領域，一定要慎之又慎，絕對不能盲目從事。

創業是一門學問，一個外行涉足到一個全新的領域去經營和開發，想要不失敗是很難的。在這個方面，商界裡有許多正面反面的例子可以引以為鑑或引以為戒。

以股票市場為例，如果你是一個股票投資者，如果你瞭解股市，你肯定知道，在股票市場上，除非出現大的意外情況，每天都有漲停的股票。其實，真正瞭解股市的人都清楚，在股票市場上，賺錢的永遠都是少數人。國外有投資專家說過，在股票市場上，一〇%的人在賺錢，二〇%左右的人不賺不虧，到最後能全身而退，七〇%的人都在賠錢。所以，即使是股市上的老手，也有可能賠得一塌糊塗，更何況初涉股票市場的新手？

股票市場如此，做其他事情也是如此。為什麼強調在創業的時候，要選擇你自己非常熟悉或是比較熟悉的行業，原因就在於此。

誠如之前所說，成功創業需要我們的優點，需要我們去揚己之長避己之短。選擇自己的創業行業時，一定要考慮自身的情況，千萬不可冒失莽撞，一頭栽進自己不熟悉的領域而不能自拔。

例如：你擅長於某一行業，就不要強求自己去做自己並不適合做的事情，因為你即使做了恐怕也難以有收穫。從另一個角度說，即使你的工作環境與你的優點暫時有所不合，這個時候仍然可以積蓄自身的潛能，力求在本職工作中開闢出一個可以揚己之長避己之短的環境。

從社會發展的趨勢和成功創業人士的經驗來看，一個人想要取得事業的成功，只有自身不斷成長的優勢，才可以將自身的優勢最後轉化為勝勢。所以我們的「優勢」要不斷的成長，是因為目前數位資訊化社會變化繁複，昨天的優勢到今天就有可能成為劣勢。

還有一種情況，你對某個行業不熟悉，但是經過你的潛心研究學習，你很快的掌握這個行業，熟悉這個行業，並且透過你的市場調查與分析，你確信自己不會再犯主觀的錯誤，你要涉足也未嘗不可。此外，你不懂得這個行業，但是你的合作夥伴卻是這個行業的佼佼者，你要涉足也未嘗不可。

作為創業者，作為經營者，無論你是從這個行業轉到另一個行業，還是你初出茅廬，都應該先仔細的分析自己有沒有從事這個行業的能力，如果發現自己沒有這個方面的能力，只是憑藉自己的主觀願望，你的這個美好的願望十有八九會落空。甚至，有時候你在某個行業做得很出色，可是如果換了一個行業，一切都可能發生很大的變化，再套用你原來的經驗往往會失敗。

你熟悉這個行業，並不表示你要創業就肯定能成功，這一點也需要目前有創業想法的朋友注意。自己創業是一回事，替老闆工作又是另一回事。自己做老闆，公司內外的所有事情都要在自己的掌控之下，既要做好公司內部的管理，同時更重要的是對外要有客戶才可以。想要成功創業，只靠自己的業務能力遠遠不夠，因為你最終面對的是市場，是顧客。沒有後者，你縱使有再大的本領和能力也是於事無補。別人公司不停的賺錢，你的公司卻可能不停的賠錢。事情往往就是這麼奇怪！

以創業而言，經營者想創辦公司做生意，最忌諱的就是做你從來沒有涉足的既陌生又沒有把握的行業。你熟悉餐飲業，你就老實的做你的餐飲業，不要去經營汽車零件；你熟悉建材業，你就老實的做你的建材業，不要看到眼下經營化妝品的生意很好就去經營化妝品。在進行創業設想的階段明白這一點，對你以後的創業會大有好處。

要全心全意的去做你熟悉的行業，千萬不要人云亦云，不要好高騖遠。如果你可以做到這一點，創業就可以賺到錢，否則你只能站著觀看。

雜於害而患可解也

【語譯】

在順利的情況下，看到不利的因素，禍患就可以預先排除。

【原文釋評】

「雜於害而患可解也。」這個謀略強調有備無患和常備不懈的備戰思想。安不忘危，治不忘亂，這也是很多創業者早期的想法。正是因為有「無備則後患無窮」的危機感，創業者才可以一步一腳印，不滿足於已經擁有的成功，把自己企業慢慢拓展。

然而，有些創業者並非如此，他們看起來不緊張焦躁，在自己的企業或公司裡經常還會表現出悠閒與輕鬆。但是事實上，這只是一種表面現象，因為異常激烈的競爭無處不在，稍微一放鬆就有可能被社會所拋棄，因而他們往往處在一種緊張的狀態之中。

危機感對創業者來說，有很大的積極意義。懂得時間的寶貴和市場的無情，他們對於由競爭對手所帶來的巨大威脅始終牢記在心，因此他們可以取得創業的成功，他們隨時都在考慮如何才可以做得比自己的競爭對手更好、更出色。

現實社會中，許多創業者之所以比一般人做得更成功，是因為他們找到更有利可圖的市場，發明一種更有效的做事方式和先進的技術，找到更可以佔據市場的新產品……但是我們需要清楚的看到，這些東西的獲得，在很大的程度上，是因為這些成功的創業者有危機感。

以個體來說，當你有危機感時，你就不會在自足的意識中忘其所以，不會懶散的消磨時光，你的大腦會始終處在一種高速運轉的過程中，你的潛能就會最大限度的被發覺出來。這就使得你成功的機率大大增加，成功的可能性就會遠遠大於失敗的可能性。危機感的積極意義對於一個企業、一個公司，甚至一個地區、一個民族、一個國家照樣適用。日本可以很快的在戰爭廢墟上崛起，成為世界上第二個經濟強國，就基於這個民族始終有其他民族所不具備的危機感。

說到危機感，可能你會說：那是沒有成功的人或失敗者才要考慮的，成功創業者只需盡情的舉起慶祝的酒杯，好好享受成功後的喜悅，無需有什麼危機感。

創業成功之後，我們所面臨的壓力可能會更大。要隨時記住，你所取得的只是階段性的勝利、成功，更大的挑戰還在後面。你這次成功創業，下次有可能會失敗；另一個人這次創業失敗，說不定下一次他就會成功。如果你因為這次的創業成功而沾沾自喜，甚至躺在功勞簿上睡大覺，你遲早都會被後來者趕上和超越。

仔細的分析成功創業者，你會發現，每個真正的成功創業者隨時都充滿危機感。因為他知道，影響成功的因素是多方面的，其中充滿變數，這些因素你又不能完全控制。這就意味著成功只是暫時的，如果明天某個因素發生變化，可能後天就會面臨失敗，如果你沒有危機感，對於可能發生的事情缺少應對的策略，到那個時候，你就可能束手無策。

創業成功了，這個時候更需要你冷靜下來，考慮這次成功的各種原因，對於可能出現的競爭，對於社會經濟可能出現的變化，對於消費者喜好的不同……都要進行冷靜的分析，並制定相應的應對措施，才是一個成功者應該有的態度。

【經典案例】

日本豐田汽車公司在五十年前還默默無聞，然而現在已經是世界上最著名的汽車公司之一，豐田公司的發展與日本的其他大部分的公司不同，它不是依賴外國資本而發展，是依靠自己的力量發展壯大。之所以如此，就是因為豐田公司的決策階層始終具有很強的危機感，從所謂的「豐田方法」或「豐田經驗」中就可見一斑。

豐田公司創造一套獨具特色的「豐田方法」。其中「六大原則」與「七不浪費」就是「豐田方法」其中之一。豐田公司和其他公司一樣，也要追求利潤的最大化，追求最佳化的經濟效果，竭力做到以最少的資本獲得最大的利潤。要達到這個目的，就必須在生產中堅持「六大原則」和「七不浪費」。

「六大原則」是：不把不良產品送到後段工序；密切的配合後段工序；只生產後段工序所需要的數量；生產平均化；採用微調方法；工序安定化、合理化。這實際上就是「看板方式」的生產管理。

「七不浪費」是：避免過量製造的浪費、公司存款的浪費、搬運的浪費、動作的浪費、製造瑕疵品的浪費、庫存的浪費、加工過程的浪費。其中，不製造瑕疵品和過量產品最為關鍵。

以隨時有危機感為指導，豐田人採取上述經營策略，豐田公司的產品降低成本，增強在汽車市場上的競爭力，使得豐田公司幾十年來在國際汽車市場上立於不敗之地。

一個成功創業的人如果沒有危機感，過不了多久，你就會在破產者的名單中找到他的名字。即使你已經創業成功，也應該有一種危機感，要始終感受到來自你的競爭對手的壓力，舊的競爭對手被你打敗了，還會有新的競爭對手不斷的出現。所以，無論你取得多大的成功，也不能躺在功勞簿上睡覺！

昔之善戰者，先為不可勝，以待敵之可勝

【語譯】

從前善於用兵打仗的人，先要做到不會被敵人戰勝，然後捕捉時機戰勝敵人。

【原文釋評】

「待敵可勝」是孫子在〈軍形〉篇中提出的把握取勝時機的重要謀略，孫子在這一篇中強調要注意預測和捕捉等待擊敗敵人的戰機，這個道理對現代創業者來說是金科玉律。只有在不斷尋覓中，把握機會才可以順勢而為，成就一番事業。

世界上的萬事萬物在發展過程中，總會顯露出一些決定未來的玄機。對於創業者來說，如果可以把握這種玄機，就意味著創業者就可以把握未來。把握未來，也就是把握成功。創業者如何才可以把握事物發展中的玄機？這就需要創業者要對所有事物，特別是與自己關係密切的事物保持高度靈敏的觸覺，這種觸覺也就是一個人的悟性，如果有這種觸覺和悟性就很容易把握事物發展的玄機。

所以，對於創業者來說，在創業的時候一定要培養自己靈敏的觸覺，一定要培養自己的悟性，在機會來臨的時候，就可以順勢而為。

【經典案例】

有一天，台灣天作實業公司的老闆周玉鳳從報紙上看到一則消息：西亞的科威特由於國土完全是沙漠，每年都需要進口大量的泥土種植花草樹木。這則消息啟發這位頗具商業頭腦的周玉鳳。她想，進口泥土並不是科威特人的需要之本，因為進口泥土對一個到處都是沙子的國家來說，靠進口泥土根本無法改變一個國家無土的狀況，科威特人進口泥土是他們的無奈之舉。因為他們不能看著自己的國土，光禿禿的連棵草都沒有，所以周玉鳳認定，科威特人所擔憂的是他們缺乏花草，花草比泥土更寶貴，他們要泥土的目的就是要種花草。如果可以研製出一種不需要泥土的花草，豈不是可以賺大錢？於是，周玉鳳請來專家，自己則投入資本研製一種不需要泥土的花草，經過一番努力，果然研製成功，這種在別人看來最不值錢的小草，在周玉鳳手裡竟然變成搶手的商品，成為周玉鳳的搖錢樹。

周玉鳳的天作實業公司研製出來的小草，其實應該稱為「植生綠化帶」，是一種可以用人工大量生產的標準草皮。它的原理是，先用化學纖維與天然纖維製成「不織布」，然後再把草籽和肥料置放在「不織布」之間，捲成一捲一捲的，然後由商店賣出。用戶在使用時，只需把這些草鋪在地上，鋪上薄薄的一層泥土或乾草，再灑一些水保持濕潤，不到一個月的時間，就會長成綠茸茸的小草。

這種「草」由於適應性強，幾乎什麼地方都可以種植，再加上成本低，存活率很高，所以一上市就受到用戶的歡迎，生意相當好。

天作實業公司開發成功新產品之後，將自己的產品在西亞地區進行廣泛的推廣宣傳，他們的行銷足跡遍及西亞的眾多缺土國家。經過行銷活動，西亞各國的人都認同這種「植生綠化帶」，因為它不僅可以美化環境，而且還具有定沙、固沙、防沙等多種功能。因此，連一些國家的酋長和王子們都深愛這種產品，稱其為「台灣創造的現代神毯」。如今，天作實業公司的生意越做越大，不起眼的小草為周玉鳳帶來滾滾而來的財富。

其實，天作實業公司研究的這種「植生綠化帶」並不是它們首創的產品。首先研究和開發「植生綠化帶」是日本的企業特長。但是，由於日本的研究者在化學纖維的比例上不得當，他們開發的「植生綠化帶」中天然纖維所佔的比例只佔二〇%，過小的比例使得草籽極容易被水沖走。這樣一來，他們的草存活率就比較低，產品也較難推廣。天作實業公司卻針對日本公司產品的缺點進行改良，使天然纖維的比例由過去的二〇%提高到現在的五〇%。這樣一來，不僅克服日本同類產品的弱點，而且也使產品的品質得到極大的提高，因而取得巨大的成功。

其實，周玉鳳的成功並非像她的「現代神毯」那樣神秘，其成功的關鍵就是捕捉到別人沒有捕捉到的商機。周玉鳳以她敏銳的市場嗅覺和她極高的悟性捕捉到一個潛在的巨大市場和賺取利潤的機會，因而使她的天作實業公司一步一步的發展壯大。

從周玉鳳和天作實業公司成功的事例中，我們可以看出，所謂捕捉機會的悟性，主要包含以下這些方面的要素：

對資訊靈敏的捕捉能力。現今的世界，是一個高度資訊化的世界。有人說資訊就是財富，還有人說資訊就是未來，這些話一點都不假。資訊對於每個人來說都很重要，資訊隱藏著巨大的社會財富，因此對於現代人來說，如果你不能利用資訊，就已經落伍。所以，創業者想要獲得事業上的成功就必須充分的重視資訊的收集，要學會利用資訊，培養利用資訊的能力。但是，正因為現今的世界是一個資訊的世界，資訊的來源非常多，每個人每天都可以收集到大量的資訊。因此，只會收集資訊還不夠，還要培養一種在資訊中捕捉機會的能力，所以一定要嗅覺靈敏，有極強的感知能力，能從收集來的資訊當中挖掘出對於自己的發展非常重要的資訊。把本來非常枯燥的死資訊變得生動，然後從中挖出寶藏，使資訊為自己產生效益。

對事物深刻的洞察能力。資訊是捕捉機會的金礦，資訊是捕捉機會不可或缺的要件。但是資訊如何才可以變為財富或是成為社會資源？或是說，資訊如何才可以成為有效的資訊？資訊有效或無效，能不能被有效的利用，在這個方面並不取決於資訊，而取決於資訊的製造者和資訊的利用者——人，取決資訊的利用者是否對事物有深刻的洞察力。因而，只有具有對事物深刻的洞察力，才可以從豐富的資訊中找出哪些資訊是有用的，哪些資訊是無用的；只有具有對事物深刻的洞察力，才可以挖掘資訊的價值。也就是說，只有在具備對事物的深刻洞察力的這個前提下，才可以做出資訊為什麼有價值、資訊的價值在哪裡、資訊到底有多大價值的判斷和推理。就如周玉鳳在讀到科威特進口泥土這則資訊時，由於她具有對事物深刻的洞察能力，因而她就從這則資訊中發現資訊的價值在哪裡，資訊的價值有多大，進而做出自己的投資決策。因此，對事物深刻的洞察力也是構成悟性的要件之一。

對未來準確的預見能力。所謂對未來準確的預見能力，就是當自己靈敏的嗅覺如果嗅出某些資訊所暗藏的機會之後，接下來就是對機會的可能性做出預見。預測未來的時候，我們透過努力可以獲得一些資訊和資料，進而根據收集的資訊和資料進行推測。這種推測方法得出的結論往往比較準確，但是有時候收集的資料無法做出準確的預測，這個時候要預見未來就需要想像能力，也就是說要透過想像來彌補資訊和資料不足的缺陷。想像是否準確，需要一定的天賦，但是只靠天賦還是不行，因此還需要從現有的資訊和資料中做出合理的推測，預見真實的未來。這就需要你要增強這個方面的訓練，只有經過訓練，才可以做出更準確的預見，只有做出準確的預見，才可以把自己捕捉到的資訊真正的轉化為成功的機會。因此，對未來的準確的預見能力也是把握機會時不可缺少的要素之一。

一個人把握機會的悟性高低，就在於他是否具備以上所說的幾種能力。具備上述所說的幾種能力，就會具有較高的悟性，如果不具備這些能力，悟性就相對差一些。悟性好，把握機會的能力也就強；悟性差，把握機會的能力也就差一些。

其實，社會上的任何一種潮流或趨勢，都是由過去的一些很細微的因素累積而成。也就是說，當這種潮流或趨勢還不明朗的時候，任何人都不可能未卜先知的見到這種趨勢或潮流的模樣，只能發現這種趨勢或潮流的苗頭。機會就隱藏在這些事物的苗頭後面，如果你有很高的悟性，就可以很快的抓住機會，你沒有很好的悟性，只能眼睜睜的看著機會從你面前溜走，當這種趨勢和潮流已經完全明朗化的時候，就是你徹底失去機會的時候。

像比爾・蓋茲當年從事電腦軟體發展的時候，誰可以預見電腦在短短的時間內就走進一般人的家裡？但是比爾・蓋茲卻以其對電腦的熟悉和熱衷，再加上他天才的想像和極強的悟性，他很準確的把握歷史的機會，取得常人難以想像的成功。可見，擁有很好的悟性才可以把握機會，已經是一個不容爭論的事實。

由於人們思想觀念的不同，人們的認識能力就存在較大的差異。對未來和現在觀察的出發點和角度都會有所不同。有些人憑藉過去的經驗，對事物可以進行深刻細緻的洞察，對事物可以做出準確的預見；有些人對事物很麻木，思維也非常遲鈍，對未來完全茫然，或是沒有預見未來的能力。前一種人，有機會就可以抓住；後一種人，機會就在自己眼前，卻不知機會為何物，更談不上抓住機會，所以在不知不覺中錯失使自己一舉成功的機會。因此，培養敏銳的觸覺，提高自己的感知能力，提高自己的悟性，是所有志在成功創業者的當務之急。

故知兵者，動而不迷，舉而不窮

【語譯】

所以懂得用兵的人，行動不會迷惑，他的作戰措施變化無窮，而不致困窘。

【原文釋評】

「用兵之害，猶豫最大。」行動時如果畏首畏尾，思前顧後，猶豫不決，結果往往會以失敗而告終。事實上，不只是用兵如此，對於創業來說也是如此。

行動的重要性可謂眾所周知。在大街上，你可以隨手拉住一個人，請他說明行動的重要性，他都會毫不猶豫的告訴你：「**決定是銀，行動是金**。」「只有行動，夢想才會變成現實；只有行動，才會有結果；只有行動，創業才會成功；只有行動，才可以做大事。」……關於行動重要性的道理，關於創業計畫和創業行動的關係，他會說得頭頭是道。

人們可以說出如此多的道理，而且準確無誤，其實並不值得奇怪。只要你認真仔細的回想和總結自己的一生，或是不妨總結每個人的生活，就不難發現：你和他人所有的成功和收穫，就算是最小的成功，無一不是行動的結果。

行動的重要性固然人所皆知，然而令人驚訝的是，當我們把目光掃視人群時，你就會發現，人群中不同的人對行動就會有不同的理解，不同的人就會有不同的行動。有些人之所以有行動，是在形勢的逼迫下才有所行動，這種行動與其說是一種行動，還不如說是徹底的被動；有些人則以積極的姿態，時時刻刻積極行動，這種行動才是名副其實的行動。

同樣都是行動，但是兩種不同的行動態度和方式都會產生兩種截然不同的行動結果，形成反差很大的兩種人生。

創業的成功與否也是這個道理。可以成功創業的人往往就是敢於跨出一步，用行動落實自己創業計畫的人。這種人可以成功創業，就在於他們不僅懂得行動的真諦，更重要的是，他們在創業的時候可以勇敢的邁出第一步，擁有好的創業計畫和設想就毫不遲疑，立即行動。相反的，難以成功創業的人往往就是因為缺少勇於行動的精神，使他們在很好的創業計畫面前裹足不前，進而與人生成功的輝煌擦肩而過。

或許你希望親眼目睹成功創業者的風采，親耳聆聽成功創業者的成功創業理念。你不妨把你的目光對準你周圍的每個人，從中找出你認為可以超出你和勝過你的人，看看他們每天都在想什麼和做什麼，看看他們如何從事自己的事業，看看他們是不是積極行動的人，看看他們是不是只講道理和只做計畫卻從來不行動的人……如果你瞭解這些，你就知道應該如何邁出成功創業的第一步！

立即行動，這是你成功創業過程中，唯一的禱告。

戰勢不過奇正，奇正之變，不可勝窮也

【語譯】

戰術只有奇正兩種變化，但是其間的變化卻是無窮無盡。

【原文釋評】

將孫子所主張的「以奇勝」用於創業者的現實中，就是教導我們創業要標新立異，以創新求發展，不走尋常路。

因為創新而創業成功的人不勝枚舉。

【經典案例】

法國美容品製造師伊夫・洛列是靠經營花卉起家的，他在一次新聞發表會上感觸頗深的說：「可以有今天，我絕對不會忘記卡內基先生，他的課程教給我一個秘訣，雖然我過去對它未能予以足夠的重視，現在我卻要說，創新確實是一種美麗的奇蹟。」

一九六〇年，伊夫・洛列開始生產美容品，到一九八五年，他已經擁有九百六十家分公司，在全世界

星羅棋布。

伊夫・洛列生意興旺，財源茂盛，奪取美容品和護膚品的桂冠，他的企業是唯一使法國最大的化妝品公司「勞雷阿爾」惶惶不可終日的競爭對手。

這一切成就，伊夫・洛列是悄無聲息的取得，在發展階段幾乎未曾引起競爭者的警覺。

他的成功有賴於他的創新精神。

一九五八年，伊夫・洛列從一位年邁女醫師那裡得到一種特效藥膏秘方。這個秘方令他產生濃厚的興趣，於是他根據這個藥方，研製出一種植物香脂，並開始挨家挨戶推銷這種產品。

有一天，洛列靈機一動，為何不在雜誌上刊登一則商品廣告？如果在廣告上附上郵購優惠單，說不定會有效的促銷產品。

這個大膽嘗試讓洛列獲得意想不到的成功，當他的朋友還在為他的巨額廣告投資惴惴不安時，他的產品卻開始在巴黎暢銷，原本以為會石沉大海的廣告費用與其獲得利潤相比，顯得輕如鴻毛。

當時，人們認為用植物和花卉製造的美容品毫無前途，幾乎沒有人願意在這個方面投入資金，洛列卻反其道而行之，對此產生一種奇特的迷戀之情。

一九六〇年，洛列開始小量的生產美容霜，他獨創的郵購銷售方式又讓他獲得巨大成功。在極短的時間內，洛列透過各種銷售方式，順利的推銷七十多萬瓶美容品。

如果說用植物製造美容品是洛列的一種嘗試，採用郵購的銷售方式，則是他的一種創舉。

時至今日，郵購商品已經不足為奇，但是在當時，卻是前所未有。

一九六九年，洛列創辦他的第一家工廠，並且在巴黎的奧斯曼大道開設他的第一家商店，開始大量生產和銷售美容品。

伊夫·洛列對員工說：「我們的每位女顧客都是王后，她們應該獲得像王后一樣的服務。」為了達到這個宗旨，他打破銷售學的一切常規，採用郵購化妝品的方式。公司收到郵購單之後，幾天之後即把商品寄給買主，同時贈送一件禮品和一封建議信，並附帶製造商和藹可親的笑容。

郵購幾乎佔了洛列全部營業額的五〇%。洛列式郵購手續簡單，顧客只需要寄上地址，就可以加入「洛列美容俱樂部」，並且很快收到樣品、價格表、使用說明書。

這種經營方式對工作繁忙或是距離商業區較遠的婦女來說非常理想。如今，透過郵購方式從洛列俱樂部獲取口紅、眉筆、唇膏、沐浴乳、美容護膚霜的婦女，已經達到六億人次。

伊夫·洛列透過郵購建立與顧客的固定聯繫，他的公司每年收到八千餘萬封函件，有些簡直和私人信件沒有兩樣，附著照片和親筆簽名，寫得親切感人。公司的建議信往往寫得十分中肯，絕無生硬的招攬顧客之嫌。這些信件中總是不斷的告訴訂購者：美容霜並非萬能，規律的生活是最佳的化妝品。不像其他商品廣告一樣，把自己的產品說得天花亂墜，功效無與倫比。

公司利用電腦建立一千萬名女性顧客的資料，每逢顧客生日或重要節日時，公司都要寄贈新產品和卡片以示祝賀。

優質服務給公司帶來豐碩成果。公司每年寄出郵件達九百萬件，相當於每天三～五萬件。一九八五年，公司的銷售額和利潤增長三〇%，營業額超過二十五億，國外的銷售額超過法國境內的銷售額。

如今，伊夫・洛列已經擁有四百餘種美容系列產品和八百萬名忠實的女顧客。

伊夫・洛列透過辛勤的工作和艱苦的思考，找到走向成功的方法。化妝品市場競爭的激烈程度令人觸目驚心，如果亦步亦趨，墨守成規，肯定只能成為失敗者。

伊夫・洛列設計出與強大的競爭對手完全不同的產品——植物花卉美容品，使化妝用品普及化和大眾化，滿足眾多顧客的需要，所以他把競爭對手遠遠的拋在後面。

洛列力求同中求異，另尋蹊徑，打破傳統的銷售方式，採用全新的銷售方式——郵購，贏得為數眾多的固定顧客，進而為不斷擴大生產打下堅實基礎。

夫吳人與越人相惡也，當其同舟濟而遇風，其相救也如左右手

【語譯】

吳國人與越國人雖然相互仇視，但是當他們同船渡河時，如果遇上大風卻可以相互救援，猶如左右手一樣。

【原文釋評】

與仇人同舟共濟都可以共度險關，尋找一個志同道合之人共商大事與共創大業，又有什麼難關無法度過？

事實上，一個人的精力和金錢畢竟有限，激烈的商業競爭既殘忍又充滿誘惑，如果創業者在商場上被打倒就很難站起來。所以，與其一個人奮鬥，不如尋找合夥人，結合兩個人的能力與智慧，創業成功的機會就大大增加。

在商場上，形成長期性的合作真是難上加難，尤其對於創業者來說更是如此。主要原因，就是一山難容二虎，或許在創業初期合作者還可以同甘共苦榮辱與共。可是如果有成績以後，很容易出現衝突。所以對創業者來說，合作夥伴的選擇一定要慎之又慎。

【經典案例】

美國西北航空公司的威爾遜與傑克相識於一九六三年，當時威爾遜在傑克叔叔的顧問公司工作。一九七四年，威爾遜加入馬里奧特公司，第二年，他就雇用傑克。一九八二年，傑克轉到巴斯公司任職。一九八四年，他非常機敏並藝術的處理涉及巴斯公司用一塊土地與迪斯密公司交換二十五%股權的棘手問題。後來，他又為迪斯密公司設計一整套可行性計畫。為此，他花費六個月的時間。同年，威爾遜也進入迪斯密公司，並擔任最高財務主管。

他們為迪斯密公司工作，賺進萬貫財富：傑克獲得五千萬美元，威爾遜獲得六千五百萬美元。一九八九年，兩人共同出資，再加上銀行的巨額貸款，買下西北航空公司。

企業法人的合作力量，到今天為止，尚未受到人們應該有的重視。當兩個相互信任的人在一起工作時，是會出現奇蹟的。聯合起來，更容易戰勝強大的競爭對手。

在尋找合夥人的時候，你的心態十分關鍵，必須具有開闊的心胸和謙遜的態度。

多數人在社交場合中，都會顯得很合群，在事業上卻是獨行俠。在公司裡，許多人都把同事當成自己的競爭對手，這種心態也會影響他對外人的態度，會顯得頑固而喜歡吹毛求疵。

找一位可以與你合作的人之前，首先應該找的是可以做你朋友的人。但是，你想找一位對你有利的朋友，只靠兩人之間的友誼是不夠的，還要對合夥人的各種意見表示尊重。這一點對許多人來說，就比較難做到。如果合夥人與他的意見有分歧，他就不會考慮對方的意見。如果你自己存在這個問題，在找合夥人之前，還是先改變你的個性吧！

選擇適合的夥伴很不容易，再好的朋友也要涉及利益的分享，因此按照親兄弟明算帳的原則，及早確認合作的原則十分必要。在與他人合夥生意之前，確定和瞭解下列原則是順利合作的前提：

應該充分瞭解合夥者是否具有必備的條件，例如：能否達成共識，能否同甘共苦，是否能吃苦和堅韌不拔。

為了避免合夥過程中出現管理和利潤分享上的糾紛，在簽定「協議書」的時候，應該明確規定以下幾個方面的條款：

- 確認每個合夥人的管理許可權和範圍。
- 確認合夥的期限，不允許某個合夥人提前脫離。
- 確認每個合夥者的投資金額，所佔股份的比例。
- 確認怎樣分配利潤。
- 確認吸引新的合夥者的辦法。
- 確認每個合夥者的責任及不負責任造成的後果應該如何處理。

故經之以五事，校之以計，而索其情：一曰道，二曰天，三曰地，四曰將，五曰法。

【語譯】

所以要從以下五個方面分析研究，比較交戰雙方的各種條件，以探究戰爭勝負的各種情形：一是道，二是天，三是地，四是將，五是法。

【原文釋評】

由此可以看出，孫子主張一定要把局勢看透，才可以謀劃用兵之策，這是一種大局觀念。對創業者來說，胸中要有大局，才可以不被眼前迷霧所惑。

創業計畫最終能否實現，要做出準確的判斷，並非是一件輕而易舉的事情。其中的關鍵是要有全局判斷能力，可以盤算整個局勢，可以看出整個局勢發展的方向，並知道如何照這個方向去做，才可以使自己立於不敗之地。根據孫子的說法，一個善於謀算的創業者，必須胸中要有「全」字，不能只看到眼前利益，而是要目標遠大，從長遠之處獲得更大的利潤。這就是說：目標短小，就會被蠅頭小利所害，與創業者胸襟是否開闊以及抱負是否遠大有關。

經驗對於企業家而言十分寶貴。一個人從對經商一竅不通到對商務很有閱歷，可是極不容易。所以，一般資深的企業家極看重自己的經驗。遇到困難的時候，總是習慣用以前曾經成功的方法來解決。但是在經濟社會中，局勢瞬息萬變，新的想法層出不窮。如果思想僵化，固守以往的經驗，就會停滯不前，甚至把自己的公司引入絕境。

越是成功的企業家，越容易陷入這樣的困境，越難適應新的環境。特別是當他擁有一定的家產，越趨向保守，他必須守住得來不易的財產。經驗告訴他，不能標新立異，還是經驗可靠。新的事物對他來說，是可怕的和充滿風險的。

要避免這種情況，首先要學會以一種新的思考模式和價值標準來看這個變幻莫測的世界。經常提醒自己，世界這麼大，變化這麼快，自己原來的那一套怎麼夠用？這種自省對於保守的人來說，也許很困難，甚至自覺滑稽可笑，但是經常這麼做一定會有效果。

其次，經常反思前一段時間的經營模式，看看有什麼問題，有什麼失誤，是不是可以做得更好。這樣做，並不是叫你後悔，而是要你明白一個道理：任何成功的經驗都是有缺陷的，不值得固守不變。

再來，多接受各種各樣的新資訊，多聽聽別人的不同意見。這樣可以啟迪你的思維，讓你用一種全新的眼光來看問題。

最後，決策的時候，不要過於患得患失。商場本來就是有賺有賠，不敢承擔風險，無法成就事業。

瞭解各行業的發展趨勢，可以幫助你建立自己的事業。假如你預測到某個行業的變動所帶來的影響，就可以掌握賺錢的機會。

趨勢受到許多方面的因素影響，例如：社會風氣、經濟、家庭結構、人口、個人喜好。

現在家庭結構多由一父一母加一子女組成，女性與男性一樣有工作，在這種情況下，課餘託管兒童的服務需求就會大量增加。

置身於電腦業極度擴張的年代，對任何人來說，認識電腦和學習電腦語言是刻不容緩的，於是教授電腦的學校不斷增加，並趨向專業化。

每項新科技的出現，皆因有此需求才應運而生。例如：自動提款機的出現，是銀行顧客不願意浪費時間排隊等候而產生，對銀行方面而言，自動提款機減輕出納員的工作量，也方便顧客存款及領款，一舉兩得。

第四章：商者，詭道也

孫子云：「凡戰者，以正合，以奇勝。故善出奇者，無窮如天地，不竭如江河……戰勢不過奇正，奇正之變，不可勝窮也。奇正相生，如循環之無端，孰能窮之哉？」孫子指出，決戰靠「奇兵」取勝，作戰的方式無非「奇」「正」兩種，但是其變化卻無窮無盡。孫子又云：「攻其無備，出其不意。」這個作戰思想對商戰的啟示是：市場競爭要靠「出奇」的詭道韜略制勝。

強弱，形也

【語譯】

強大或弱小，是由雙方實力的對比所表現的。

【原文釋評】

作戰最怕不自量力，盲目出擊，孫子曰：「知彼知己，百戰不殆。」企業要發展就必須要競爭，但是競爭需要用實力來說話，在實力不如人時，不可盲目出擊，只能出奇制勝。

【經典案例】

二十世紀七〇年代末八〇年代初，位居日本甚至世界機車領域第二把交椅的日本山葉機車公司，為了爭取該領域的首席地位，開始向世界第一位的日本本田公司發起被後人稱作「近代日本工業領域最殘酷的一次競爭」的挑戰。歷時兩年的激戰，終以山葉的失敗而偃旗息鼓。

山葉公司為什麼會失敗？

孫子曰：「知彼知己，百戰不殆。」山葉的敗北主要是因為它沒有正確的估計自己和競爭對手的實力，在暫時的勝利面前沒有保持清醒的頭腦。

二十世紀五〇年代以來，日本的機車行業霸主地位數易其主，最初居機車行業之冠的不是本田而是東菱。六〇年代以後，本田不顧一切的擴大市場佔有率，利用盈利進行再投資，一九六四年終於將東菱趕出世界機車市場，一躍成為機車行業的領導廠商。自此本田不斷發展，實力更加雄厚。進入七〇年代，日本的機車市場基本上是四分天下，依次為本田、山葉、鈴木、川崎。其中，本田在日本本土的佔有率高達八十五%，穩居寶座。

六〇年代末和七〇年代初，世界機車市場需求的增長明顯減緩。為此，本田決定開拓新的生產線——汽車市場。然而當時國際汽車行業也非常不景氣，一些中小汽車公司紛紛尋找靠山，以度過危機，本田為了在汽車市場中穩住陣腳，將公司最好的設備和技術投入其中，甚至不惜調用生產機車的技術，到一九七五年，本田的汽車收入最終超過機車的收入。

就在本田致力於汽車生產，無暇顧及機車業務時，原來第二的山葉公司，認為這是一個競爭世界第一的好機會。為此，它不惜一切代價積極拓展機車市場。在山葉的猛烈攻勢下，本田公司節節敗退。一九七〇年本田的銷售額以三倍領先於山葉。到一九七九年本田的機車銷售額一直沒有增加。山葉公司則將本田公司領先的程度從三倍降到一・四倍。在一九七〇年初，山葉只有十八種車型，本田有三十五種。到一九八一年雙方同有車型六十三種，山葉的市場佔有率與本田不相上下。在勝利面前，山葉的決策者們認為自己的羽翼已豐，自不量力的向本田發出挑戰。一九八一年八月，山葉公司總經理智子宣稱：很快將建一座年產量一百萬台機車的新工廠：這個工廠建成以後，將可以使山葉總產量提高到每年四百萬台，超過本田二十萬台，那個時候本田公司將讓出第一的位置。一九八二年一月的一次會議上，山葉公司董事長小池也表示：「我們將以新的產量超過本田。身為一家專業的機車廠商，我們不能永遠屈居第二。」

山葉的勇氣固然可嘉，然而它忘記本田是一個幾十年來一直稱雄於世界機車市場的實力雄厚的公司，並且以其在汽車領域技術優勢作為堅強後盾。面對山葉的攻勢，本田怎能善罷甘休？本田的董事長河島早在一九七八年就在《日經新聞》上暗示：「只要我當社長一天，本田就永遠是第一。」一九八二年元月，當山葉公司挑戰性的言論傳到本田決策者的耳朵裡時，他們迅速做出決策：在山葉新廠未建成時，以迅雷不及掩耳之勢給予反擊，撲滅它的囂張氣焰。一場被譽為日本工業領域最殘酷的戰役開始了。

在這場戰役中，山葉公司與本田公司相比，實力相差懸殊，這是山葉失敗的重要原因。

從競爭一開始，本田就採用大幅度降價策略，增加促銷費用和銷售據點。在競爭最激烈時，一般機車的零售價，降價幅度都超過三分之一，以致一部五十ＣＣ的本田機車價格比一輛十段變速的自行車還便宜，但是由於本田公司除了機車產品以外，還有汽車產品，特別是八〇年代初汽車銷售穩定上升，因此，它可以透過汽車的盈利來彌補機車價格戰的損失，最終達到打擊山葉、擴大市場佔有率的目的。山葉公司則是一個專業的機車生產廠商，它的生存完全依賴機車。因為投資建廠造成企業的成本投入較大，如果採用與本田公司相同的降價策略，公司本身無法負擔，但是如果不降價或降價幅度較小，就會在價格大戰中失敗。在價格戰上，山葉公司已經處於劣勢。

本田採取的另一策略是加快產品的更新，迅速使產品多樣化。在十八個月內，本田憑藉它的技術優勢，也憑著它有三分之二的營業收入來自汽車、資金充裕等條件，推出八十一種新車型，淘汰三十二種舊車型。產品更新速度加快，使公司在消費者心目中樹立新的形象。這樣一來，本田機車的銷售量直線上升，山葉公司相比之下則有些相形見絀。為了超過本田，山葉公司在投資建造新廠上下了很大賭注，內部營運資金入不敷出，只好向外大量貸款，但是新廠尚未建成，無法產生效益，因此山葉幾乎無力開發新產品。在本田推出八十一種新車型時，山葉公司只推出三十四種新車型，淘汰三種車型。產品更新速度的減慢，使山葉在市場上的銷售日益衰減，產品日益積壓。

結果在價格戰中，山葉難以承受巨大的損失，節節敗退；在形象方面，山葉由於推出新產品品項單調而漸受顧客冷落，造成大量庫存積壓。一年中的競爭，山葉市場佔有率從原來的三十七％下降為二十三％，產量迅速下降，一九八二年，營業額比上一年銳減五〇％以上，一九八三年初，山葉公司的庫存升高到日本機車行業庫存的一半。在這種情況下，山葉只有舉債為生。一九八二年底，山葉公司的債務總額已經達到兩千兩百億日圓。銀行家們看到山葉前景堪慮，紛紛停止貸款。山葉公司缺乏資金，產品無法降價出售，庫存越積越多。走投無路的山葉公司為了避免破產，終於在一九八三年六月向本田投降。

一九八三年六月，山葉公司董事長川上與總經理智子一起去拜見本田公司的總經理川島清志，針對山葉的不慎言辭向本田公司道歉。接著，川上又在記者招待會上，重申對本田公司的歉意，並宣布解除智子的職務。至此，歷時十八個月的機車戰役結束。

山葉公司在本田公司致力於進軍汽車市場而無暇顧及機車業務時，乘勝追擊。銷售額從一九七〇年只佔本田的二十五％上升到一九七九年的七十一％。然而，它在勝利面前不能正確評估制勝的根本原因，以致忘乎所以，盲目出擊，造成最後失敗的悲慘局面，分析其原因有三：

山葉初戰告捷，固然與自己的成功經營策略有關，但其戰略決策遠不如對手深謀遠慮。山葉想依靠專業化生產的優勢，取代本田王位，對自己的優勢過於自信。殊不知單一專業化生產在變幻莫測的市場中，隨時有失敗的危險。本田的多元化經營，則可以減少市場風險。

價格戰是市場競爭的主要手段，是經濟實力雄厚的企業制服弱小企業的主要方式。面對本田這樣的企業巨人，山葉在戰略戰中必敗無疑。

雄厚的技術實力是企業常勝不敗的根本，本田依靠汽車領域強大的技術儲備，在新產品開發方面具有絕對優勢，山葉在技術之戰上又不得不俯首稱臣。

三方面的原因必將導致山葉以失敗告終。

商戰是智力與實力的較量，結果往往是強者勝，本田的凱旋和山葉的投降就是證明。作為一個實力遜色的企業，不要不自量力，盲目出擊，虛張聲勢與強者較量，以免傷了元氣。任何一個成功案例，都不是靠硬拼制勝的。

攻而必取者，攻其所不守也

【語譯】

進攻而必定能取勝，是因為進攻的是敵人不曾防禦的地點。

【原文釋評】

孫子認為，進攻就應該乘虛而入，出其不意，攻其不備。在商戰中，有時候用孫子的這種方法，攻擊敵人的弱點，往往可以取得反敗為勝的效果。

【經典案例】

一九八五年，百事可樂透過各種管道得知可口可樂準備於誕辰九十九周年之際推出一種新配方，這種新配方很可能極大的打擊百事可樂的市場。為此，百事可樂的高層管理者憂心忡忡，怎樣對待可口可樂咄咄逼人的進攻？

就在可口可樂準備正式向新聞界宣布將改換產品配方前幾天，百事可樂的廣告企劃使用「攻其不備」的戰術，想到一個使百事可樂處於主動的廣告方案，就是宣布可口可樂推出一項新產品正是說明它的失敗，世界上最著名的產品正在從貨架上消失，他們正準備從可樂之戰中撤出。

依循這個想法，企劃們想要在可口可樂召開新聞發表會的當天在報紙上刊登廣告：「可口可樂公司正從貨架上收回其低劣產品。」如果可口可樂在新聞發表會上沒有更換配方，可以用另一份廣告向讀者致歉：「對不起，可口可樂公司並未從貨架上收回其低劣產品。」

但是這個廣告惡意攻擊的意味太濃了，百事可樂的總裁恩里克說：「我們希望給對方沉重的打擊，但不能讓人們覺得我們是惡意的攻擊。」

於是，百事可樂的廣告企劃們又想出一個「項莊舞劍」的廣告，就是以百事可樂總裁的名義在報紙上公開一封信：

致百事可樂公司所有廠商和員工：

我非常高興的向大家致以衷心的祝賀。在過去的時間裡，我們和可口可樂公司一直互相對峙，我們一直以它們為奮鬥目標。

可口可樂公司正在從市場上撤回其產品，並改變可口可樂配方，使其更「類似百事可樂」。里普利（前可口可樂總裁羅伯特・伍德拉夫的暱稱）的離去顯得太不利了，他如果還在，一定不會讓可口可樂這麼做。

毋庸置疑，正是因為百事可樂長期以來在市場銷售上所取得的成功，才使對方做出這個決定。

眾所周知，當一樣東西還是很好的時候，它是不需要改變的。也許他們終於認識到這一點：百事可樂比可口可樂好喝，我們之中的大多數人早在幾年前就已經看出這一點。

處於困境中的人往往孤注一擲……我們必須注視他們的舉動。致以最良好的祝願！

美國百事可樂公司總裁兼主管羅傑・恩里克

企劃們覺得這封信還不夠厲害，缺乏高潮，於是又在信的末尾加上一段：

事到如今，我可以說勝利是醉人的，我們終於可以慶賀。我向大家宣告，星期五全公司放假一天。讓我們縱情慶賀吧！

百事公司在歡呼雀躍的同時，並沒有放鬆進攻，在可口可樂新聞發表會前一天晚上，恩里克出現在哥倫比亞公司的電視採訪節目。

記者問：「您能否確切的告訴我，您是如何看待可口可樂的新動作？」

「百事可樂和可口可樂已經互相對峙八十七年。」恩里克回答：「如今在我看來，就像其他人在虎視眈眈！」言下之意，可口可樂成為一個新生的挑戰者。

可口可樂在新聞發表會上，果斷發布更換產品配方的新聞。然而在發表會所在地旁邊的馬戲場上，百事可樂策劃的一個公關活動也在舉行，一個小型百事可樂機器人進行操作示範，並免費為觀眾提供百事可樂。剛從可口可樂新聞發表會上出來的記者對此感到很新鮮，他們在這個針鋒相對的公關活動中聽到的是：「可口可樂終於認輸，它們不再具有競爭力。」

從百事可樂的廣告攻勢看，一直和巴頓將軍的「進攻，進攻，再進攻」一樣，保持咄咄逼人的進攻

優勢。同時，這個攻勢集中而明確，都圍繞「新的可口可樂」而展開，進而使廣告的進攻具備極大的殺傷力。

相比之下，可口可樂的廣告主題就顯得疲軟無力。在早期，例如：一九二二年的「口渴不分季節」，一九二九年的「停下來喝一口，精神百倍」都是佳作。但是對百事可樂的攻擊，仍然用「喝可口可樂，萬事如意」就防守不住。

面對充滿冒險和想像的百事可樂廣告的進攻，可口可樂節節敗退，第二次世界大戰結束時，可口可樂與百事可樂市場銷售額之比是三・四比一；到了一九六〇年，變成二・五比一；到了一九八五年，這個比例成為一・一五比一。一九九三年，《幸福》雜誌根據銷售金額排列的美國最大五百家公司名單中，百事可樂以二二〇・八四億美元高居第十五位，而可口可樂僅為一三一・三八億美元，遠遠落到第三十四位。

由此不難看出，商戰中「攻其不備」戰術的運用是多麼重要。

故形人而我無形

【語譯】

使敵人顯露真實使而我軍不露痕跡。

【原文釋評】

孫子這段話的意思是要達到讓敵軍分不清我軍的虛實，進而達到迷惑敵軍的效果。在商戰中，為了不讓對手瞭解我方動向，高明的企業家也往往會採取這一招，以達到出奇制勝的效果。

【經典案例】

艾科卡不僅是一個可以大刀闊斧對企業進行整頓的改革者，而且也是一個可以利用出奇制勝的商戰韜略打開市場銷路的建設者。當克萊斯勒公司轉虧為盈之後，如何重振雄風則是艾科卡思索的問題。

企業家常用的方法是提高企業的知名度和產品的市場佔有率，出奇制勝和價廉質優又是重要手段。艾科卡根據克萊斯勒當時的情況，決定出奇制勝，推出新的車型。他把「賭注」押在敞篷汽車上。

美國汽車製造業停止生產敞篷汽車已經十年了，原因是由於時髦的空氣調節器和音響對敞篷汽車來說是毫無意義的，再加上福特公司的停產，使敞篷汽車銷聲匿跡。

但是艾科卡預計敞篷汽車的重新出現會激起老一輩駕駛人對它的懷念，也會引起年輕一代駕駛人的好奇，可是克萊斯勒「大病初癒」，再也經不起折磨，為了保險起見，也為了不讓競爭對手福特公司捷足先登，艾科卡採取「投石問路」的策略。

艾科卡請工人用手工製造一輛色彩新穎、造型奇特的敞篷汽車，當時正值夏天，艾科卡親自駕著這輛敞篷汽車在繁華的街道上行駛。

在形形色色的有頂汽車車陣中，敞篷汽車彷彿是來自外星球的怪物，立即吸引一長串汽車緊隨其後，幾輛高級轎車利用速度較快的優勢，終於把艾科卡的敞篷汽車逼得停在路旁，這正是艾科卡所希望的。

追隨者下車圍住坐在敞篷汽車裡的艾科卡，提出一連串的問題：「這是什麼牌子的車？」「這種汽車一輛多少錢？」……

艾科卡面帶微笑一一回答，心裡滿意極了，看來情況良好，自己的預計是對的。

為了進一步驗證，艾科卡又把敞篷汽車開到購物中心、超級市場和娛樂場所，每到一處，就吸引一大群人的圍觀，道路旁的情景在那裡又一次次重現。

經過幾次「投石問路」，艾科卡掌握市場情況。不久之後，克萊斯勒公司正式宣布將要生產「男爵」型敞篷汽車，美國各地都有大量的愛好者預付訂金，其中還有一些車手。結果，第一年敞篷汽車就銷售兩萬三千輛，是原來預計的七倍多。這些成績讓福特公司佩服不已。

一九八三年，公司的經營利潤達九億多美元，創造克萊斯勒有史以來的最高紀錄。

一九八四年，克萊斯勒公司賺了二十四億美元，比這家公司前六十年的總和還要多，克萊斯勒公司提前七年償還全部政府貸款。

就這樣，艾科卡受命於危難之時，透過驚人的魄力和大膽的改革，使絕處逢生的克萊斯勒終於站起來，使六萬多工人免受失業的厄運，幫助成千上萬個家庭度過難關。艾科卡因此成為汽車製造業的一代英豪，成為民眾偶像，與艾科卡在商戰中慣用「形人而我無形」的戰術是分不開的。

進而不可禦者，沖其虛也

【語譯】

進攻而使敵人無法抵禦，是因為出其不意的襲擊敵人的懈怠空虛之地。

【原文釋評】

事實上，不僅是軍事戰爭中要善於「攻其不守」，商戰中與人過招，也要認準對手的致命點，突下辣手，才可以戰而勝之。

現代企業發展的歷史證明，瞭解產業內的利潤集中區，即瞭解競爭對手實際賺錢的範圍，可以開闊視野，看到新的機會。先想出哪一個對手擁有高市場佔有率，而且在市場某特定區塊獲利極高；再想想，如果把對手這項優勢當作弱點，通常在面對猛烈的攻勢時，必須大幅降低利潤，否則無力招架。

【經典案例】

美國戴爾公司首席執行官麥可・戴爾把這種做法稱為「和對手玩柔道」。

二十世紀九〇年代中期，戴爾發現，許多競爭廠商有一半以上的利潤來自伺服器。更嚴重的是，雖然他們的伺服器是很好的產品，卻為了補貼業務上其他比較不賺錢的方面，必須抬高定價。事實上，由於他們伺服器的定價高得超乎常理，所以等於是把額外的成本轉嫁給顧客，進而暴露自己的致命傷。因此，出現一個絕佳的機會，不僅能讓戴爾公司擠掉競爭者，繼續擴大市場，也增加戴爾公司自己的伺服器業務。

一九九六年九月，戴爾公司以非常具有競爭力的價格，推出一系列的伺服器，整個市場為之震驚。這項野心勃勃的行動，重新建立戴爾公司在伺服器市場的地位，戴爾公司現在已經是全美第二大的伺服器供應商，佔有二〇%的市場。戴爾公司掏空競爭者的利潤來源，削弱他們在筆記型電腦和桌上型電腦等市場上與戴爾公司對抗的能力。

事實上，戴爾公司一九九三年就曾經在桌上型電腦的市場用過這個策略。戴爾公司在一個主要競爭者開發市場一年後才跟進，但是在九個月後，戴爾公司成為全美第一大、全世界第二大的廠商。戴爾公司並不急著搶佔第一名寶座，而是從容評估機會，找出最佳的策略，成為最強的廠商。

網際網路是戴爾公司和競爭者大玩柔道的另一個絕佳方式。對戴爾公司來說，網路是直接交易的最終延伸。但是對許多採取間接交易的對手而言，進入網路市場是一個兩敗俱傷的主張。不少公司模仿戴爾公司的業務模式，並不斷嘗試，但是毫無成果。對他們來說，直接交易終將導致通路上的衝突。他們的營運模式是以傳統的產銷者、代理商、經銷商為基礎，而不是與顧客的直接關係。如果原本採取間接交易的製造商開始與使用者直接交易時，就會和本來為自己銷售產品的經銷商產生競爭。

把公認的缺點轉為優點，是柔道策略的另一個招數，也是戴爾提高競爭力的方法。

二十世紀八〇年代，個人電腦的銷售量開始激增，修理電腦就像要做牙齒根管治療一樣，得體驗痛苦。如果電腦是從經銷商處購買的，就必須自己把電腦搬上車，送到服務中心，還要排隊把東西交給他們，幾天或幾個星期之後再取回來。

剛創立戴爾公司時，很多潛在顧客也對透過電話購買電腦深表懷疑，因為他們認為買了以後，一定沒有良好的服務。他們猜想，在沒有店面的情況下，必須要自己把東西裝箱，寄回公司，再苦等電腦修好寄回來。由於電腦的購買價格並不便宜，他們也擔心在郵寄過程中損壞的機會更大，運費之高就更不用提了。

競爭者也假設，由於戴爾公司直接把產品賣給顧客，一定沒辦法創造服務上的優勢。他們以為，由經銷商或店面所提供的附加「利益」，不管伺服器品質多差，也一定可以取得優勢。

但是他們都猜錯了，戴爾公司一開始就看出提供直接服務的利益，並且將之定為公司早期的目標之一，但是競爭者對此卻毫無察覺。一九八六年，戴爾公司推出業界第一個上門維修的服務，有點類似為故障的電腦「出診」。如果電腦有問題，你不用奔走，戴爾公司會到你所在的地方維修，公司、住宅、飯店都可以，而且戴爾公司會在收到消息的下一個營業日，甚至當天就到達。

這樣一來，其他廠商的服務中心就有一點跟不上潮流。即使是現在，你把電腦抱到經銷商服務中心維修，時間還是可能長達二至三天，與戴爾公司的下一個營業日真的差太遠了。何況還不保證一定修好。一開始被競爭者認定是缺點的專案，轉而成為大幅的優勢。

全球性的擴展，帶來另一個讓劣勢大復活的機會。二十世紀八〇年代中期，戴爾公司正準備向英國拓展時，注意到一家名為「恩斯萃」的公司，該公司早期在英國個人電腦市場上具有領導地位。恩斯萃公司一向以銷售「可拋棄型個人電腦」聞名，這是當機率很高、公司售後服務很少的低價機器。然而，由於當時缺乏競爭者，他們還是賣出令人難以相信的數量，也為戴爾公司創造絕佳的機會。

在銷售品質不可靠又沒有良好服務系統的廉價電腦過程中，恩斯萃事實上給英國廣大消費者一個難忘的教訓：千萬不要買品質低劣、零件不可靠、服務差的個人電腦。他們也創造一個雖然幻想破滅卻具有電腦知識的使用者市場，渴望向一家可以提供良好支援和服務的公司，購買比較精密的系統，即使這家公司一開始並沒有很大的市場佔有率當作後盾也無所謂。對戴爾公司有利的是，恩斯萃錯估市場，為戴爾公司日後在英國所獲得的大幅增長和成功奠定基礎。由於英國是戴爾公司向國外擴展的第一步，因此成為戴爾公司在全球獲得成功的跳板。

戴爾公司甚至曾經在法律訴訟中尋找機會。在戴爾公司剛創立時，有一家競爭廠商因為戴爾公司在廣告上的說辭而控告戴爾公司。它想要贏回聲譽，或是說贏回顧客，但是竟然造成相反的效果。由於圍繞這次訴訟的媒體報導，以及這家公司對戴爾公司廣告的過度反應，它的顧客開始懷疑，也許在戴爾公司宣稱更高品質和更低售價的廣告詞中，不無幾分真實。這次的案子為戴爾公司帶來更多目光，也讓戴爾的曝光率高過自己經濟能力所能負擔的地步。由於這家公司在當時是知名公司，所以也讓戴爾公司在從未進入過的市場中，因為他們而得到許多信譽與關注，增加戴爾公司的信心。

其他人以為是缺點的地方，往往是利潤所在。這正是戴爾「跟對手玩柔道」策略的精華所在。

夫兵形象水，水之形，避高而趨下，兵之形，避實而擊虛。水因地而制流，兵因敵而制勝。

【語譯】

用兵的規律就像流水，流水的屬性是避開高處而流向低處，作戰的規律是避開敵人堅實之處而攻擊其弱點。水根據地勢決定流向，軍隊根據敵情採取制勝的方略。

【原文釋評】

在《孫子兵法・虛實》篇中指出作戰應該找出敵人的弱點，根據不同敵情而制定策略。在商戰中的勝出者，除了具有敏銳的洞察力以外，往往還具備叛逆思維，可以根據經濟形勢的變化，制定一些令「傳統」企業家出乎意料的決策。

【經典案例】

在日本，一提百貨業就會讓人想到大榮公司。大榮公司一九五七年開辦第一家「大榮主婦商店」，一九七二年的年營業額全日本第一，現在以四兆日圓（三三一億美元）排名世界五百家企業的第七十三位。

一九六八年，日本的商業新星中內功推出一種造反意識很濃的新商法：《我的薄利多銷哲學》。此書一出，立即震撼日本商界。書的重點是：商業流通業者，並不握有商品價格的決定權，主宰價格的是產品製造業者，特別是大廠商。廠商大多把產品的出廠價格定得偏高，流通領域的批發商和零售商則被動的接受這個事實，只能高進價高賣出，最終損害的是廣大消費者的利益。有鑑於此，流通業者要掀起一場流通革命，要從生產資本手中奪回價格決定權，為自己也為廣大的消費者謀利益。

要奪權，就要建立統一戰線。中內功認為，流通統一戰線的同盟軍由消費者、流通業者、中小廠商三者組成。

他在同盟軍內部進行深入細緻的分析。他說：「參加同盟軍的消費者，是每天從自己的錢包中掏錢購物並且想買便宜商品的大眾，絕對不是生活富裕而遊手好閒之輩。

參加同盟軍的流通業者是具有革新意識，試圖奪回消費者主權的人，對於那些只追求高利潤的業者，就算同屬流通業，我們也絕不認同他們。

中小型製造商在壟斷資本的淫威下，被迫從事不公平交易，或是自己的營業部門逐漸被壟斷資本蠶食。有時候，就算可以分得一點壟斷資本吃剩的殘餘利潤，卻無法自由發展。

小廠商如果想要有發展，只有以消費者利益為前提，和消費者與流通業者一起參加流通革命，成為對抗壟斷資本體系的一員。」

中內功把「不斷銷售物美價廉商品」作為大榮的最基本原則。當別人的商店以高出進價五〇%、一〇〇％，甚至百分之幾百的行銷的時候，他堅持自己的「十・七・三」經營。

所謂「十・七・三」經營，就是確保自己的商店有一〇％的毛利。毛利一〇％中，七％是各項開銷，剩餘三％則為純利。

這就是中內功不同於別家的商戰新韜略。

這個新韜略十分成功。手帕以一日圓一條的價格出售時，一位老太太高興得熱淚盈眶，有些疑惑的問：「賣這麼便宜，可以嗎？」也有人說：「到大榮簡直不是買東西，幾乎就像白拿一樣。」消費者紛紛湧向大榮。日本農曆七月中旬的盂蘭盆節期間，因為湧向大榮的顧客實在太多，發生危險，每隔三十分鐘，商店就要放下鐵門，以抑制顧客人數。

一九五八年，中內功在神戶市的三宮開設大榮第二店。在三宮店的前面，當時號稱營業額日本第一的大丸百貨公司，氣勢逼人的聳立著。但是購物的顧客，大丸只有三〇％，其他七〇％都到了大榮店。對此，顧客中的家庭主婦間流行著一句話：「逛街到大丸，買東西到大榮。」

大榮的低價經營，受到傳統企業家的強烈反對。但是由於廣大消費者支持，它在艱難中迅速成長。從一九五七年到一九六九年的十二年間，以大阪和神戶為中心，大榮向西南和東北兩翼展開，從九州到東京市區的大半個日本國土，大榮連鎖成多點和網狀的商店與超市和大型商場。其營業額，一九六一年三月是五十億日圓，一九六九年三月超過一千億日圓，一九七二年十月高達三〇五一億日圓，創下日本零售業第一的紀錄，一九八〇年突破一兆日圓的大關，一九九五年更突破四兆日圓！

兵者，詭道也

【語譯】

用兵打仗是一種詭詐之術。

【原文釋評】

孫子指出，行軍打仗實際上是一種詭詐之術，這個理論的現實意義在商戰中表現得淋漓盡致。記住，商戰的根本在於利益，而不在眼淚及友情，甚至父子之情。

商場是一個唯利是圖的地方，作為競爭高手的松下幸之助，已經在多年的經營過程中，掌握其中的訣竅，但僅僅如此還是不夠，商場上的爾虞我詐，松下幸之助也得心應手，所謂商場上沒有朋友可言，這句話就是松下幸之助自己總結出來的經驗。

【經典案例】

二十世紀七〇年代，在錄影機的開發上，日本領先世界。然而那個時候，如同美國的個人電腦一樣，機型規格不一，有些大有些小，錄影時間有些是一小時，有些是二小時，無論是產業界還是消費者都感到不便。一九七四年，自認為是音像技術領先的日本索尼公司總裁盛田昭夫，找到日本錄影機產量第一的松下電器，要求統一錄影機規格。一九七五年春天，又請松下幸之助和有關人員到索尼參觀錄影時間一小時的Beta型錄影帶生產流水線。盛田昭夫懇請松下幸之助：「我們一起來做吧，為了日本，也為了全世界。」

雖然盛田昭夫兩次相邀，但是松下幸之助並不表態。索尼開發的是一小時錄影帶，而屬於松下電器系列的幾個錄影機生產廠商，都是開發二小時的ＶＨＳ型錄影機及錄影帶，松下錄影帶的圖像清晰度遠不如索尼，但是在消費者中，二小時的錄影帶比一小時的更受歡迎。錄影帶到底生產一小時的還是二小時的，松下幸之助有自己的考慮。這個期間，松下幸之助暗中指示屬下瞭解美國人對錄影機規格的看法，得到的答覆是二～四小時的最好。於是，松下幸之助認定二小時的規格最受消費者歡迎。一九七六年十月，他指示所屬的電子公司、勝利公司，並聯絡日本日立公司，統一採用ＶＨＳ型規格。

結果，索尼被矇騙兩年。盛田昭夫怒髮衝冠，在採訪的大批記者面前，一向率直的盛田昭夫大罵：「有這種混帳的事情嗎？松下幸之助是出賣朋友和蹂躪信譽的叛徒，恬不知恥！」還是這些記者去採訪松下幸之助，已經八十二歲高齡的他，竟然平靜的回答：「做生意就是這樣。」言下之意是商場上沒有朋友，每個人都有自己經營的自由。在這件事情上，盛田昭夫確實忽略商戰上的基本法則，天真的要與松下幸之助統一生產的規格，相比之下，還是八十多歲的松下幸之助更為狡詐一些。

辭卑而益備者，進也……無約而請和者，謀也；奔走而陳兵者，期也；半進半退者，誘也。

【語譯】

敵人使者言辭謙卑而暗地加緊戰備，是準備發動進攻……未經約會而與我方求合時，其心中有陰謀；往來奔走而列兵布陣是期望與我方交戰；敵人半進半退，是引誘我方出擊。

【原文釋評】

孫子指出，敵人在戰場上想進攻我而運用的陰謀詭計，我軍一定要加以防備，切不可上當。特別是「辭卑而益備者，進也」，指出敵人低聲下氣，陪笑奉迎，而暗藏殺機，這是一種要向我方進攻的徵兆，一定要謹防。這一點在商場上屢見不鮮，商戰人士對此一定不能掉以輕心。

【經典案例】

日本航空公司決定向美國麥道公司引進十架新型麥道客機，指定常務董事任領隊，財務經理為主談，技術部經理為助談，組成談判小組負責購買事宜。

日航代表飛抵美國稍事休息，麥道公司立即來電，約定明日在公司會議室開會。第二天，三位日本代表彷彿還未消除旅途的疲勞，行動遲緩的走進會議室，只見麥道公司的一群談判代表已經坐在一邊。談判開始，日航代表慢吞吞的啜著咖啡，好像還在舒緩時差的不適。精明狡猾而又講求實效的麥道公司主談，即把日方的疲憊視為可乘之機，在開門見山的重申雙方意向之後，迅速把談判轉入主題。

從早上九點到十一點半，三架放映機相繼打開，字幕、圖表、資料、電腦圖案、輔助資料和航行畫面應有盡有。孰料日航三位談判代表卻自始至終默默的坐著，一語不發。

麥道公司的談判代表自負的拉開窗簾，充滿期待的看著對方問：「你們認為如何？」三個不為所動的日本人禮貌的笑著，技術部經理（助談）回答：「我們不明白。」

麥道公司的領隊大惑不解的問：「你們不明白什麼？」

日航領隊笑了笑，回答：「這一切。」

麥道公司主談急切的追問：「這一切是什麼意思？請具體說明你們從什麼時候開始『不明白』？」

日航助談抱歉的說：「對不起，從拉上窗簾的那一刻開始。」

麥道公司領隊洩氣的倚在門邊說：「你們希望我們再做些什麼？」

日航領隊抱歉的說：「你們可以重放一次嗎？」別無選擇，只好照辦。但是麥道公司談判代表重複兩個半小時的介紹時，已經失去最初的熱忱和信心。是日本人開美國人的玩笑嗎？不是，他們只是不想在交涉之初就表現自己的想法，談判風格素來以具體、乾脆、明確而著稱的美國人，哪裡會想到日本人有這個心思？更不知道自己在談判開始已經先輸一盤，他們犯了輕敵冒進和不察敵情的戰略失誤。

談判進入交鋒階段，老謀深算的日航代表在「假癡不癲」上又使出新的一招：裝成聽覺不靈敏，反應遲鈍，顯得很難甚至無法明瞭麥道公司在說些什麼；讓麥道公司覺得跟愚笨的人談判，已經準備好的論據和推理是沒有用的，精心選擇的說服策略也無用武之地。連日來，麥道公司已經被搞得煩躁不定，只想儘快結束這種與笨人打交道的災難，於是直截了當的把球踢向對方：「我們飛機性能是最佳的，報價也是合情合理的，你們有什麼異議嗎？」

此時，日航主談似乎由於緊張，忽然出現語言障礙。他結結巴巴的說：「第……第……第……」「是第一點嗎？」麥道公司主談忍不住問。日航主談點頭稱是。「好吧，第一點是什麼？」麥道公司主談急切的問。「價……價……價……」「是價錢嗎？」麥道公司主談問。日航主談又點了點頭。「好，這點可以商量。第二點是什麼？」麥道公司主談焦急的問。「性……性……性……」「你是說性能嗎？只要日航方面提出書面改進要求，我們一定滿足。」麥道公司主談脫口而出。

至此，日航一方說了什麼？什麼也沒有說。麥道一方做了什麼？幫助日方跟自己交鋒。他們先是幫日方把想要說而沒有說出來的話解釋清楚，接著為了問出對方後面要說的話，不假思索的匆忙做出許諾，結果把談判的主動權拱手交給對方。

日航的助談一開口就要求削價二〇％。麥道公司主談聽了不禁大吃一驚，再看看對方是認真的，不像是開玩笑，心想既然已經許諾讓價，為了表示誠意就爽快的讓價，於是說：「我們可以削價五％。」

雙方差距甚大，第一輪交鋒在激烈的爭論中結束。經過短暫的沉默，日方第二次報價：削減十八％，麥道公司還價是降低六％。麥道公司的主談此刻對成交已經不抱多大希望，開始失去耐心，提出休會：「我們雙方在價格上差距很大，有必要為成交尋找新的辦法。你們如果同意，兩天以後，雙方再談一次。」

休會原本是談判陷於僵局時採取的一種正常策略，但是麥道公司卻注入了「最後通牒」的意味，即「價錢太低，寧願不賣」。這個時候，日航談判代表不得不縝密的權衡得失：價錢還可以爭取削低一點，但是不能削得太多，否則將觸怒美國人，不僅會喪失主動權，而且連到手的六％讓價也撈不到。如果空著雙手回日本，怎麼向公司交待？他們決定適可而止。

重新談判，日航立刻降了六％，要求削價十二％，麥道公司僅增加一％，只同意削價七％，談判又形成僵局。麥道公司的主談決定終止交易，開始收拾文件。就在這個時候，口吃了幾天的日航主談突然十分流利的說：「你們對新型飛機的介紹和推銷使我們難以抵抗，如果同意降價八％，我們現在就簽定購買十一架飛機的合約。」（這增加的一架幾乎是削價得來的）說完他笑吟吟的起身，把手伸向麥道公司的主談。「同意！」麥道公司的談判代表們也笑了，起身和三位日本代表握手：「祝賀你們，用最低的價錢買到世界最先進的飛機。」日航代表把麥道飛機壓到前所未有的低價。

日本人把裝瘋賣傻的商戰詭道技巧發揮得淋漓盡致，於是強大的美國人吃了虧。由此可見，商場上切忌輕視對手，尤其不能以貌取人，否則只會吃悶虧。

此兵家之勝，不可先傳也

【語譯】

所有這些，是軍事家指揮藝術的奧妙，是無從事先規定的。

【原文釋評】

孫子在論述詭道之術時，說出以上這段話，他認為詭道之術無固定之模式，其運用在於靈活，萬變不離「詭詐」。

在你死我活而爭奪激烈的商戰中，要完成一場大規模的商戰，詭道之術往往也是連環應用的。

通常的兼併收購，是一家企業將其他企業聯合到自己旗下，以擴大生產規模，降低成本，實現資源的最佳化配置。但是在華爾街，最主要的併購卻是由金融資本家發動。他們買下一家公司並非為了長期經營，而是將它肢解後立即轉手賣出，賺取中間的差額利潤。

由於這種併購一般都會徹底瓦解被收購企業的原有架構，破壞原有企業的長期經營戰略，因此工商企業對這種收購戰恨之入骨。

【經典案例】

擁有英法雙重國籍的戈德史密斯先生就是這樣一位金融資本家，外號「金融鱷魚」，美國企業家們對他簡直又恨又怕。

戈德史密斯的第一筆交易就一鳴驚人。一九七二年四月，他一舉斥資七億美元，兼併經營不理想的「大聯合超級市場集團」。這是一家居於美國同行業第九位，下轄六百家商店，員工二•七萬人，年營業額十二億美元的大型連鎖企業。戈氏將它一口吞下之後，急速擴展集團規模、新設銷售網站，使連鎖店增至九百家，銷售網遍及美國東海岸和加拿大，年營業額達到十五億美元。然後，戈氏開始將這個企業逐步肢解。短短一年之內，他就轉讓所有商店的一半，僅留下四百五十家規格、層次較高的分店，當年獲取利潤一億美元，以致華爾街盛讚這是「金融探險史的壯麗詩篇」。戈德史密斯乾脆一不做、二不休，又如法炮製了幾次，每次都獲利五百～七百萬美元。

一九七七年，戈氏又把目標對準經營不善的大型木材企業——鑽石公司。鑽石公司有一百年歷史，因為發明火柴而成為美國兩百五十家企業之一，其經營領域橫跨森林、紙品、罐頭等十五個行業，年銷售額十二億美元，但是現在由於經營狀況不佳，致使股價嚴重超跌。但最使戈氏心動的還是：該公司在美國西北部有七十萬公頃森林，這筆巨大的財富在鑽石公司的股價中幾乎沒有表現出來……

戈德史密斯為了出其不意，在接下來的兩年中他只吸納鑽石公司四%的股權，直到一九八〇年，該公司的效益繼續大幅下滑，其董事會內部也出現權力爭鬥，戈氏才抓住時機發動攻擊。他迅速調集幾億美元的資金，大量吸納鑽石公司的流通股票，並公開兼併的意向。

遭到襲擊的鑽石公司頓時方寸大亂，他們一方面與戈氏協商妥協的辦法，一方面十萬火急尋求其他財團的支持，但是兩方面的進展都極其緩慢。

一九八一年，鑽石公司的經營更加惡化。戈德史密斯又適時發動攻心戰。他首先勸說公司的中小股東：「規模過於龐大是公司的真正災難，不把它的多種經營縮減，就不能有良好效益。」戈氏回過頭來又勸鑽石公司的管理高層：「人們無論如何也不能卓有成效的管理十五項各不相同的業務活動，兼併是實現適度規模、取得最佳效益的催化劑。假如經營繼續惡化，董事會和經理們都無法對股東交代，反而使被兼併的過程加快。」

在戈德史密斯緊鑼密鼓的攻心戰面前，鑽石公司的鬥志土崩瓦解，董事會宣布繳械投降。就這樣，戈氏只用六・六億美元就吞掉銷售額達十二億美元的公司。接下來，他又用一年的時間，賣掉鑽石公司中與木材生產不相關的各種企業，最後相當於只花了很少一筆錢就獲得七十萬公頃的森林。他看準木材價格將在全世界上漲，七十萬公頃的森林是無本萬利的生意。

一九八四年一月，戈德史密斯三度出手，準備收購美國排名前四百位的克朗公司。這次的難度與上兩次不可同日而語，所以更加表現出戈氏不凡的身手。

克朗公司是一家大型造紙企業，與鑽石公司一樣，戈氏也是看中它擁有的九十萬公頃的森林。如果與鑽石公司的七十萬公頃森林加起來，戈氏擁有的森林面積將是比利時國土的一半！

克朗公司知道來者不善，火速請專家制定「毒丸計畫」，即讓襲擊者得手也會被拖垮的財務計畫。克朗公司希望以此嚇退這條可怕的金融鱷魚，然而一切準備就緒，戈氏反而毫無消息。一直等了十一個月，克朗的董事長鬆了一口氣，「毒丸計畫」果然有效！

沒想到十二月十二日，戈德史密斯正式宣布將收購克朗公司，嚇得剛做完手術的克朗公司董事長立即出院，從三個方面完善原有的「毒丸計畫」。

一是壓低股息，讓收購方無利可圖；二是宣布新股東沒有選舉權，董事會每年最多更換三分之一，任何重大決定必須經由董事會三分之二的票數通過，讓收購者無權控制公司；三是公司高級負責人離職時，須支付其三年薪資和全部退休金，總計一億美元，公司主要幹部離職時須支付其半年薪資，總計三千萬美元，這將使收購者背上沉重的財務包袱。該計畫將在對手持股超過二〇％時自動生效。誰知宣布上述計畫，戈氏又無聲無息。一連四個月，克朗公司的管理高層被這種沉默的恐懼氣氛所籠罩。董事長覺得這還不保險，又找了一家平時關係很好的梅德公司，以每股五十美元的價格全面收購克朗公司的股票，包括戈氏手中以每股四十二美元吸納的克朗股票。

一九八五年四月，戈德史密斯表示對五十美元的價格很滿意，此次將淨賺一億美元，因此同意放棄收購。梅德公司沒想到戈氏如此爽快，其實它根本沒有做好收購克朗公司的準備。就在雙方簽定協議前十幾分鐘，梅德公司主動取消交易。

孤立無援的克朗公司只好回過頭與戈氏談判，由於戈氏堅持要持有公司三〇％以上控股權，雙方的談判破裂。六神無主的克朗公司原本以為戈德史密斯會加緊吸納自己的股票，誰料第二天，等到的卻是戈氏宣布撤銷這次八億美元的收購計畫！消息一宣布，毫無準備的人們大肆拋售克朗股票，導致股價大跌。克朗公司的管理高層如墜入五里雲霧，搞不清楚戈氏葫蘆裡賣的是什麼藥。經過分析，他們認定還是「毒丸計畫」發生作用。於是，克朗公司一掃愁雲，開始興致勃勃的制定公司的「振興計畫」。

這次克朗公司又大上其當，其實戈德史密斯趁著克朗股價大跌而加緊收集籌碼。五月十三日，他已經擁有克朗公司十九・八八%的股權，並且發最後通牒給克朗公司：不取消「毒丸」，五月十三日後，將增加持股權至二〇%以上。克朗公司先是一驚，繼而暗喜：這樣一來，「毒丸」計畫就會生效，戈德史密斯就會大吃苦頭！

誰知道戈德史密斯暗地裡拜訪各位大股東和董事，說服他們把手中股票賣給自己。這一招果然奏效，到七月十日，他悄悄控制克朗公司二〇%股權，到七月十五日，已經超過五〇%，其實已經暗中控制公司。

七月二十五日，戈德史密斯召集臨時股東大會，他利用手中的股權成為克朗公司的新任董事長，並宣布取消「毒丸計畫」，原任董事長這才如夢初醒。

接手克朗公司之後，戈德史密斯把這個龐大的公司予以解體，到年底，除了保留一家公司以外，克朗公司幾乎被全部出售。戈氏只把主要精力放在兼併來的九十萬公頃森林上。這次兼併完成之後，戈氏再度成為華爾街的風雲人物，企業界對他更增加一份仇恨。

第五章：所有的競爭，都是戰爭

《孫子兵法》軍事思想的一大特點，是強調對戰爭的準備。孫子指出，只有經過精心策劃的作戰方案，才有勝算的把握。做生意講究生財之道。商戰中，善於精心策劃者必然財源滾滾，不善於策劃者可能被淘汰出局。

故善動敵者，形之，敵必從之；予之，敵必取之

【語譯】

所以善於調動敵人的人，用假象欺騙敵人，敵人必定會聽從調動；拿一點好處給敵人，敵人必定會貪圖來取。

【原文釋評】

戰場上除了拼實力，更要講究戰術，《孫子兵法》強調戰術的運用表現指揮者的素質。在商戰中，你可以在戰略上藐視任何一個對手，但是在戰術上卻必須精心策劃。

商戰中，當選擇在市場上獨佔鰲頭者為戰鬥目標時，企業指揮官應該明白自己正在進行一場危險性極高的賭博。挑戰戰略如果可以將戰鬥行動予以巧妙而正確的實施，就可以擴大市場，帶來很大的利益。挑戰者進入頂尖企業佔壓倒性佔有率的市場，擊垮頂尖企業的實例已經時有發生。

【經典案例】

一九八一年，蘋果公司在個人電腦市場上確定幾乎壓倒性的佔有率。蘋果公司是公認的頂尖廠商，

它藉由大規模的宣傳廣告和促銷活動，把以前幾乎不引人注目的辦公用品塑造成非常醒目的產品。另一方面，大型電腦市場的頂尖廠商IBM對個人電腦市場投入羨慕的眼光。IBM擁有幾乎獨力改寫打字機行業成績的力量，似乎認為個人電腦業界的業績也並非不能改寫。

由於進入「中型電腦市場」（一部賣價六・五萬美元至二十七・五萬美元的電腦）獲得成功，IBM按捺不住的要在企業對手的生意領域以及以一般消費者為最終需求者的世界裡角逐一番。但是，還有必須慎重考慮的問題。中型電腦一部從六・五萬美元到二十七・五萬美元不等，個人電腦的平均價格每部才三千五百美元左右，利潤要低得多。IBM的毛利率，大型電腦系統為六十五％以上，銷售給一般消費者的個人電腦，將降低到五十五％左右。

IBM終於下定決心打入個人電腦市場，目的是奪取地盤，希望有同行之首的佔有率。目的確定以後，IBM就給IBM個人電腦組成設計、生產、銷售的獨立部隊。

戰略極為簡單，選擇迂迴作戰可能比較合乎道理，經過精心策劃，IBM卻正面對付問題，挑起全面戰爭。這絕非明智的戰術，但是擁有雄厚資金和大批人才，以前在決心侵入的領域幾乎都獲得成功的IBM，卻可以這樣做。

IBM所採用的最重要戰術是，依循蘋果公司成功的發展軌跡，如法炮製。「你可以做的，不管是什麼，我都會做得更好。」IBM每件事都效法蘋果公司。它學蘋果公司，建立簡直一模一樣的零售網路。首先，跟電腦經銷商——全美國最大的連鎖店——電腦世界簽定合約。蘋果公司的經銷計畫，它也照章抄襲；教育顧客的技巧，它也全盤接受，並著手訓練計畫，準備展開傾銷戰。

只是IBM為了爭取時間，僅生產上一個重要因素，沒有仿效蘋果公司，而且連IBM以前通常採取的做法也沒有採用。當前的要務是，趕快把產品推向市場，因此ＩＢＭ自己不製造軟體程式，而決定委託別家公司代製。「微軟公司」爭取到製作軟體的合約，開發供ＩＢＭ電腦使用的作業系統。而且，在另一項有關生產的重要領域上，ＩＢＭ也毅然變更以前由自己生產的嚴格規定，把除了最後裝配以外的某些硬體零件，委託代理商生產。

整體來說，ＩＢＭ的應急計畫藉由照章仿效蘋果公司而獲得成功。蘋果公司負責推銷的副經理對此有以下的評語：ＩＢＭ對我們緊追不捨。然而，只要我們是領先者，我們並不在乎。

由於ＩＢＭ的介入，個人電腦業界受到很大的刺激。其他競爭企業爭先恐後擁入這個新市場。製作ＩＢＭ電腦用程式的代理商宣告組成，生產與ＩＢＭ個人電腦相容軟體的另一種行業，也相繼誕生。對於既存的廠商而言，這個很穩定而利潤又多的新市場，變化突然加快，生氣蓬勃，令人怦然心動。一般大眾也開始注意到這個市場。ＩＢＭ成功的形象，引起企業界人士和一般民眾的興趣。

一九八〇年年底，ＩＢＭ電腦問世，在全國設立ＩＢＭ地方服務中心，安排人員，開始從事繁瑣的工作。

雖然這樣，工作還是進行得很順利。全錄、埃克森（Ｅｘｘｏｎ）、德州儀器及其他和ＩＢＭ平起平坐的企業，也相繼進入個人電腦市場，這個領域大幅成長好幾倍。一九八三年，有兩百萬部個人電腦上市。三年前，這個市場還不存在。一九八五年預計有五百五十萬部上市，前景廣闊。

當ＩＢＭ的個人電腦問世時，蘋果公司的股票價格宣告下跌。ＩＢＭ一侵入市場，就獲得顯而易見的勝利，它圓滿的達到目的。以ＩＢＭ而言，勝利的最重要因素是人才資源的雄厚，戰略上的作戰行動，以優於對方的戰鬥力和戰術取得重要據點，並且可以一一鞏固。

ＩＢＭ經過充分的考慮，不打算對蘋果公司或其他任何個人電腦市場的競爭對手施以重擊，予以擊倒。雖然ＩＢＭ擁有可怕的力量，但是不願意用從前那個方法來擊垮蘋果公司，其原因是ＩＢＭ經過精心策劃，認為個人電腦市場有十分廣闊的空間，可以供它與其廠商一起馳騁。

由於ＩＢＭ的進入，個人電腦市場實際上顯得十分熱鬧，其規模也顯著擴大。ＩＢＭ進入之後，不僅提高一般人對個人電腦（以前被當作電動玩具）的興趣，而且製作硬體和軟體的代理行業，實際上也獲得新生。

上兵伐謀，其次伐交，其次伐兵，其下攻城

【語譯】

最好的用兵方法是打擊敵人的作戰謀略，其次是在外交上瓦解敵人的聯盟，再次是用軍事力量征服敵人，下策是攻擊敵人的城池。

【原文釋評】

和軍事戰爭一樣，在商戰中與對手硬拼也是一種愚蠢的做法，因為任何對手都有弱點，精心策劃抓住對手的弱點，以智取勝，才是高明的韜略。「強而避之」，《孫子兵法》推崇是謀略勝敵，而不是以力相取。

【經典案例】

在世界冷凍食品業，雀巢公司的品牌「史都華」及品食樂公司的品牌「綠巨人」，都是相繼推出順應時代變化的新產品。但是自一九七八年以來，五年當中，「史都華」餐類的銷售額滑落二十三％。冷凍食品如何捲土重來？是提高產品品質，還是跟競爭對手正面衝突？為了解決這個問題，母公司康培爾幫「史

都華」做市場調查，以便掌握顧客的傾向，這相當於為了瞭解情況而收集軍事情報。調查結果和問卷答案顯示，民眾需求的是更引人興趣、更美味可口的菜餚。民眾比以前更講究，對食品成分的知識更豐富，不僅感覺上的味道要求更好，而且還要求良好的審美品味。

「史都華」的研究小組針對競爭對手的情況進行調查，發現所謂的「美食餐」雖然成功，但是在商品線中也有弱點，還可以乘虛而入。它們表現在：

第一，民眾比以前更注重飲食。

第二，越來越多的人對現成食品中食鹽和鈉的含量頗為注意。

第三，因為微波爐的出現，固有老式冷凍食品的容器變得難以使用。

第四，一般人對容易烹調食品的喜愛增強，以前被排斥的點心已經獲得認同。

「史都華」經過精心策劃定下的戰略是：集中全力發展高級冷凍餐，同時在低熱量、低鹽分的領域以及包裝、食譜等方面，對其所認為的競爭對手的弱點展開攻擊。「史都華」給這項戰略取了一個代號——「專案定位」。

「專案定位」從戰術方面來說，由三個階段構成。第一階段是使以前的電視餐復活。它又可分為三個不同的部分。首先是烹飪專家著手開發低熱量、低鹽分健康食品的冷凍餐，增多滷肉，附加甜點和調味料。其次是包裝專家批發電視餐的包裝變化為各種式樣，以嶄新的設計使它看起來更具有現代感。最後是鋁箔製的淺盤從櫥窗中消失，代之以由紙和塑膠製成的容器。這種新淺盤是為了讓消費者易於把食品放進微波爐加熱而設計的。

「專案定位」的第二個階段是為「美食餐」的新路線做準備，康培爾公司的主廚首先做出八種不同的正餐。

舉例來說，他用加上巴拿馬的雞胸肉，搭配奶油拌麵及義大利式翠綠豆類。這樣一來，風味截然不同於雞腿和漢堡。品牌也不是「史都華」，而是採用令人覺得更高級的新註冊商標Le Menu。

第三階段是，準備小吃式的冷冰食品，供兒童在三餐之外當點心食用，這包括熱狗、漢堡……還備有供成人食用的豬肉片等菜餚。

為了推出這些新產品，康培爾公司在促銷和廣告宣傳活動上，投入一千四百萬美元預算，以新美食冷凍餐的Le Menu為首的「史都華」「專案定位」商品，於是隆重上市。

專案定位小組採用軍隊式的作戰方式，這一點值得注意。首先，他們在即將來臨的市場爭奪戰中，設定勝敗轉捩點的戰場。這項決定作為作戰的要旨，使美食冷凍食品成為注目的焦點。其次，這個小組識破競爭對手的長處和弱點。對方的長處在於食譜有想像力，帶有異國風味，弱點是使用鈉作為保存（防腐）添加物，不是注重健康的低熱量食品，一般包裝粗糙而不受一部分年輕人歡迎。第三，他們把攻擊的主力集中在美食市場和小吃食品市場。

換句話說，「專案定位」的作戰方式基於以下的原則：把優勢的戰鬥集中於決定勝負的地點。

「史都華」的戰略是：把集中的原則應用於企業戰。

競爭對手的弱點是在忽視低熱量食品和低鹽分食品，「史都華」立刻在這個領域上改善自己產品的品質。競爭對手在包裝方面也有弱點，「史都華」立刻攻擊這一點。對方在小吃食品市場有弱點，也成為「史都華」的攻擊目標。

「史都華」的餐點類和單項菜餚，在市場上煥然一新，立刻大受歡迎。嶄新的設計及美國風格的老式淺盤的全面革新，有助於吸引新的顧客，而注重健康的食譜和不使用食鹽的保存方法，也引起熱烈的迴響。

「史都華」的戰略和戰術獲得戲劇性的成功。Le Menu上市不久，康培爾公司的年度銷售額急速增長高達一千三百萬美元，與其精心策劃的努力是分不開的。

夫未戰而廟算勝者，得算多也

【語譯】

凡是在作戰之前制定戰略決策的時候可以預計取勝，是因為策劃周密，獲勝條件多。

【原文釋評】

「多算勝，少算不勝。」《孫子兵法》強調兵馬未動，策劃先行。企業之間的商戰競爭，就是企業產品與專案的競爭，所以企業的每個新產品的問市與銷售都是事先精心策劃，以達到開發成功而領先對手的目的。

【經典案例】

二十世紀福特汽車工業的生產目的就是要將他的產品推向社會，要讓每個民眾都買得起車，這是汽車工業的共同口號。事實證明，誰可以將汽車生產的目標對準一般大眾，誰就可以贏得整個汽車銷售的市場。

生產大眾化汽車首先起於福特汽車公司。一九〇六年，福特下定決心，生產一種標準化、統一規格、價格低廉、可以被普通大眾接受的新車型。

福特經過調查分析，拿出自己的策劃方案：自己公司的汽車產品，如果不製成像「別針、火柴、麵包」的統一規格，大規模和低成本的生產就永遠遙遙無期，生產過程的混亂狀況就無法克服。他把公司的開發方向定位為不是著眼於富豪和體育明星，而是致力於生產一般民眾都買得起的通用而萬能型汽車，它的引擎是活動的，可以拆下來臨時當作鋸木、汲水、帶動農機、攪拌牛奶的動力。

在福特主持下，公司的經典名車T型轎車問世了。一九〇八年，福特鄭重宣布，他的公司從今以後將只生產T型汽車，它集中福特公司以前所有各種型號汽車最優良的特點。

在研製T型車時，福特在汽車性能上刻意求新，一切從實用出發。T型車渾身上下找不到一絲裝飾和可有可無的東西，百分之百的質樸實用，實際上是一種「農用車」。後來經過改進，將一種附加設備與它連接，即可帶動皮帶傳動或農機進行工作，是一種標準的通用車。

福特T型車無論外形和顏色完全一致，所以容易保養，產品統一標準化，產品價格也大為降低，每輛以九百五十美元出售，而且隨著銷量逐年增加，價格逐漸降至三百美元。美國的農民、黑人、低收入家庭都買得起T型車。

T型車的機械原理很簡單，只要稍加學習訓練，所有人都會很快的駕駛它。T型車構造精巧而輕盈便利，又堅固耐用。

當時的美國正是馬車時代的末期，各大汽車公司的汽車都面臨征服馬車時代遺留下來的馬路難題。在廣闊的美國原野上，根本找不到一條像樣的公路，至於山區的道路更令人望而生畏，有些地方根本沒有路。一般汽車在各州極其複雜的土路和危險陡峻的山路上，紛紛退縮不前。福特公司聘請車手駕駛T型車在北美各種地段勇闖難關，T型車結果征服一切艱難得令其他車型舉步維艱的各種路況，名聲大振。T型車之所以大顯神通，是因為它的每個零件和裝置都是針對馬車時代向汽車時代過渡的道路狀況而設計的。T型車的底盤高，可以順利通過亂石累累或沼澤密佈的路面，越野性能極好。

一九〇九年，舉行從紐約到西雅圖橫跨北美大陸的汽車大賽。這是一次路程遙遠，路況複雜，橫跨沙漠、泥潭、礫石灘的艱難賽事。T型車在眾多賽車中脫穎而出，第一個到達終點。

一九一二年，T型車又獲得農田車越野賽一等獎。同時，T型車還在各類爬坡比賽中屢次奪冠，全美的其他汽車廠商不得不歎服T型車的綜合性能優良。

福特不僅是製造和開發汽車的大師，同時也深諳銷售策劃之道。T型車的銷售戰略十分精彩。

福特讓廣告公司為T型車設計十分浪漫的廣告。底特律的市民每天晚上在華燈初上時，都可以看到T型車的霓虹燈看板，上面先顯示「請福特T型車駛過」，隨即顯示一位長髮飄飄的嬌豔美女坐在一輛疾駛中的T型車中，車輪飛轉，動感強烈。

一九〇八年，福特和柯恩斯秘密策劃T型車銷售戰略。公司秘密印發T型車的商品目錄，T型車的照片也附印其上，然後秘密的將這些目錄散發給福特汽車的主要經銷商，目錄上附有詳細的說明書和價格表，經銷商們都十分歡迎這種奇妙做法。

商品目錄還強調T型車的幾大顯著特點：一是使用軟質堅固的鉬鋼合金材料製造；二是四個汽缸都在由兩個半橢圓形的鋼板支撐著的同一個鑄模內，發動機體積較小；三是變速器全部隱藏在車體內，不像以前的車型露在外面；四是方向盤設計安裝在左邊。福特給經銷商們的定價只有八百二十五美元。

福特於一九〇八年十月一日正式展開T型車廣告銷售攻勢，世人為之震驚，堪稱史無前例的創舉。各大報紙和雜誌大篇幅的廣告對民眾輪番轟炸，還在全美展開空前浩大的郵寄廣告方式，福特公司還利用最快捷的電話和電報方式向消費者推銷。

次日清晨，即十月二日，一千多封郵寄來的汽車訂單雪片似的飛向福特公司。接下來，訂單更是多得用麻袋裝，銷售部門的工作人員都累得幾乎癱倒在地。

T型車受到社會各階層的廣泛歡迎，特別是小鎮和農村人士的歡迎。僅用了一年時間，它就躍居各類暢銷車的首位，成為頭號盈利產品，一年內銷售一・一萬輛。福特公司在銷售量和利潤上，都超過其他製造商。一九〇八年，福特又採取給顧客回報的做法，給每個顧客回扣五十美元，使公司一年總共多開支一五五〇萬美元，但是卻換來四面八方對T型車的讚揚之聲，甚至贏得不輕易開口說好的美國國家稅務上訴委員會的好評：

「T型車是一種經濟實惠的車子。它的聲譽極好，在一九一三年已經完全確立它的地位，各階層的人都使用它。它是市場上最便宜的車子，它的實用價值又超過任何其他車子。由於價格低，對它的需求大大超過任何其他車子。它的價格，大多數人都買得起，因此大家都爭相購買，市場的需求量比任何其他公司的車子都大。」

截至一九〇九年三月三十一日，也就是T型車銷售後的第六個月，福特公司共賣出兩千五百輛車。這個時候，福特立即下令改變T型車的顏色和外型，一改過去單調的黑色，根據車的用途將車漆成三種顏色：充滿活力的紅色旅行車、樸素實用的灰色大眾車、高雅氣派的綠色豪華車。

福特T型車前面鍍鉻的散熱器上，鑲嵌著一個經過註冊的「福特」，這個商標設計製作十分醒目，八百公尺外就可以清楚的看到，十分美觀大方。

福特T型車掀起的汽車普及風潮，給美國人民及美國城市都帶來前所未有的好處，汽車使人們的出行更加方便快捷。在大城市的街道上，成堆的馬糞和流淌的馬尿都消失了，城市衛生狀況因為馬車消失而大大改觀。

福特T型車所追求的經濟目標是一加侖（約一・七八公斤）汽油可以行駛三十五公里，並且時速七十五公里，最後使每輛車的成本降到兩百六十美元。

廣大民眾青睞T型汽車，那些像雪片一樣飛來的汽車訂單，向福特提出新問題，顯然只有提高生產能力，才可能滿足社會的需求。

T型車自一九〇八年問世以後，到一九二七年停止生產為止，十九年的時間，總共出產一五〇〇七〇三三輛，創下前所未有的驚人紀錄，任何知名的世界名牌汽車都無法與它相提並論。在一段時期，世界汽車市場的六十八％都屬於福特T型車。

計利以聽，乃為之勢，以佐其外

【語譯】

策劃有利的戰略已經被採納，於是就造成一種態勢，輔助對外的軍事行動。

【原文釋評】

《孫子兵法》強調策劃在整個作戰過程中的關鍵作用。在商戰中，除了拼產品品質和價格，還要拼策劃。

從商品行銷的角度說，策劃就是造勢，有良好策劃方案本身就意味著在具體操作上具有優勢，策劃指導執行。

【經典案例】

現在用影星或歌星來推銷產品的做法已經屢見不鮮，然而這種做法卻是二十世紀六〇年代由百事可樂公司所創造出來。正是由於成功的策劃這樣的促銷策略，使得百事可樂公司成為可以與可口可樂在商戰中一爭天下的世界著名企業。

幾十年前的某一天，麥迪遜大道（美國廣告公司的聚集地）的聯絡人傑・科爾曼接到著名歌星麥可・傑克遜的經紀人的電話，經紀人說，傑克遜想舉辦一次巡迴演出，需要某些企業的贊助。

經紀人介紹，麥可・傑克遜即將推出一張名為「顫慄」的新唱片，而他的前一張「牆外」唱片，一口氣銷售了六百萬張，其中有四首成為最流行的歌曲，「顫慄」這張新唱片也一定同樣受歡迎，這是吸引企業支持的堅實基礎。

「多少錢？」傑・科爾曼問。

「嗯……」

「到底多少？」

「五百萬。」

「為什麼？」

「這是麥可・傑克遜，」經紀人強調：「他比上帝還厲害。」

「麥迪遜大道有史以來最大的一筆交易，也只有一百萬美元。」

「五百萬，否則免談。」

「好吧！」科爾曼嘆了一口氣：「應該為麥可・傑克遜找一家飲料廠商贊助。對像麥可・傑克遜這樣的青年來說，汽車和酒類都沒有意思。他需要一種小巧無害而有趣的產品，那就是可樂。」

百事可樂想到競爭對手可口可樂所擁有的哥倫比亞製片公司，那是一個非常巨大的「明星」聚集地，百事可樂也需要自己的明星，風靡全美的麥可・傑克遜是百事可樂領導新潮流的典型代表，於是狠心花五百萬美元使麥可・傑克遜參加「百事可樂大家族」。麥可・傑克遜將為百事可樂拍攝廣告，並在巡迴演出中為百事可樂擴大宣傳。

簽約儀式上，麥可・傑克遜對恩里克說：「我會讓可口可樂對你們羨慕不已。」

「麥可，這對我來說是最美妙的允諾。」

事實也是如此，麥可・傑克遜的形象確實讓聽眾如癡如醉，他為百事可樂拍攝的廣告頓時引起轟動，在首次播映的那個夜晚，年輕人犯罪減少了，全國家庭用水量顯著下降，沒有人用抽水馬桶。電話也空下來，沒有人打了。

伯克廣告研究公司的調查顯示，這是有史以來最成功的廣告。麥可・傑克遜的魅力——他的外貌，他的歌聲，他的舞台形象和他的動作造型，使觀眾沉醉。

這部氣勢磅礴的廣告片中，並沒有麥可・傑克遜飲用百事可樂的鏡頭。他只是唱歌和跳舞，根本沒碰百事可樂，但是百事可樂公司卻覺得這樣更好。這麼一來，這部片子就成為一個活動，不僅僅是一部廣告，這就使百事可樂的形象和麥可・傑克遜的形象結合在一起。

由這部廣告來看，麥可・傑克遜的廣告開播不到三十天，百事可樂的銷售量就開始上升，使百事可樂成為一九八四年可樂市場上增長最快的軟飲料。

隨後，麥可・傑克遜的巡迴演出又掀起一陣全國性的風潮，因為麥可・傑克遜不只對孩子有吸引力，而且對孩子的父母及祖父母都有魅力。百事可樂作為贊助單位，名字出現在巡迴演出的廣告和旗幟及入場券上，此外也藉機從事公關活動。

例如：買下一〇%的入場券贈送給新聞媒體，免費請孤兒觀看演出；在觀眾席的前排闢出一塊專門請殘障兒童觀看……結果又一次在全球各地推進百事可樂的銷售。

善攻者，動於九天之上

【語譯】

善於進攻的人，展開兵力就像自九霄而降（令敵人猝不及防）。

【原文釋評】

《孫子兵法》指出，善於進攻的人展開自己的兵力就像自九霄而降，無中生有，出其不意，讓人猝不及防，這是任何一個指揮者都追求的境界，然而行動源於策劃。商戰中，精心的策劃可以變不可能為可能，化逆境為坦途，策劃之妙非常人可以為之。

【經典案例】

大家都說：「巧婦難為無米之炊。」如果你廣開思路，精心策劃，巧婦也可以為無米之炊。獲得奧運會舉辦權，是舉辦國的一大盛事，可是在二十世紀後半期，舉辦奧運會卻是讓人害怕的事情。

為什麼？

一九七二年，第二十屆奧運會在聯邦德國的慕尼黑舉行，最後欠下三十六億美元的債務，很久都沒有還清；一九七六年，第二十一屆奧運會在加拿大的蒙特婁舉行，最後虧損十多億美元，成為當地政府的財政負擔。直到現在，蒙特婁居民還在繳納「奧運特別稅」；一九八〇年，第二十二屆奧運會在蘇聯的莫斯科舉行，蘇聯比上兩屆舉辦城市耗費的資金更多，總共花掉九十多億美元，造成空前的虧損。

面對這種情況，一九八四年的奧運會幾乎到了無人問津的地步，還是美國的洛杉磯看到沒有人敢碰這個燙手的「山芋」，就以唯一申辦城市「獲此殊榮」，企圖透過這種方式來顯示其泱泱大國的實力。可是等「奪取」到奧運會舉辦權之後不久，美國政府就公開宣布對本屆奧運會不給予經濟上的支持，接著洛杉磯市政府也說，不反對舉辦奧運會，但是舉辦奧運會不能花市政府的一分錢。

沒有錢什麼事情也辦不成，誰可以挽救這場危機？

洛杉磯奧運會籌備小組不得不向一家企業諮詢公司求救，希望這家公司尋找一位高手，讓政府不花一分錢而舉辦這屆奧運會。

這家公司動用他們收集的各種資料，根據奧運會籌備小組提出的要求，利用電腦進行廣泛搜尋，電腦不時重複出現一個名字：彼得・尤伯羅斯。

彼得・尤伯羅斯是何許人？電腦對他如此青睞？

彼得・尤伯羅斯的基本資料如下：

一九三七年，他出生在美國伊利諾州文斯頓的一個地主家庭。大學畢業後在奧克蘭機場工作，後來又到夏威夷聯合航空公司任職，半年後擔任洛杉磯航空服務公司副總經理。

一九七二年，他收購福梅斯特旅遊服務公司，改行經營旅遊服務行業。一九七四年，他創辦第一旅遊服務公司，經過四年的努力，他的公司就在全世界擁有二百多個辦事處，員工一千五百多人，一躍成為北美的第三大旅遊公司，每年的收入達二億美元。

他的這些業績不能說是驚人的，但是他非凡的策劃才能卻令人刮目相看。彼得・尤伯羅斯因此挑起這副重擔，擔任奧運會組委會主席。

舉辦奧運會的難處是他始料未及的。一個堂堂的奧運會組委會，竟然連一個銀行帳戶都沒有，他只好自己拿出一百美元，設立一個銀行帳戶。他拿著別人給他的鑰匙去開組委會辦公室的門，可是手裡的鑰匙竟然打不開門上的鎖。原來屋主在最後簽約的時候，受到一些反對舉辦奧運會的人的影響，把房子賣給其他人。事已至此，尤伯羅斯只好臨時租用房子——在一個由廠房改建的建築物裡開始辦公。

經過精心策劃，尤伯羅斯激動人心的「五環樂章」開始了，下了驚人的三招妙棋：

第一招：拍賣電視轉播權

彼得・尤伯羅斯這樣分析：全世界有幾十億人，對體育沒有興趣的人恐怕找不到幾個。很多人不惜花掉多年積蓄，不遠千里去異國觀看體育比賽，但是更多人透過電視觀看體育比賽。因此事實證明，在奧運會期間，電視成為他們不可缺少的「精神食糧」。很顯然，電視收視率的大大提高，廣告公司也因此大發其財。

彼得・尤伯羅斯看準了，這就是舉辦奧運會的第一筆資金。他決定拍賣奧運會電視轉播權！這在奧運會的歷史上可是破天荒的。

要拍賣就要有一個價格，於是有人就向他提出最高拍賣價格一・五二億美元。

尤伯羅斯抿嘴一笑：「這個數字太保守了！」

他的員工都用一雙驚奇的眼睛望著他。這些人都一致認為，一・五二億美元已經是天文數字，那些嗜錢如命的企業家可以拿出這樣一大筆錢已經不錯了。大家都用懷疑的眼光看著他，覺得他的胃口太大了。

精明的尤伯羅斯早就看出這一點，只是抿嘴笑一下，沒有做過多的解釋。他知道這一仗關係重大，於是他決定親自出馬，來到美國最大的兩家廣播公司進行遊說，一家是美國廣播公司（ＡＢＣ），一家是全國廣播公司（ＮＢＣ）。同時。他又策劃幾家公司參與競爭。一時之間報價不斷上升，出乎人們的意料，這次電視轉播權的拍賣獲得資金二・八億美元，可以說是旗開得勝！

第二招：尋找贊助單位

在奧運會上，不僅是運動員之間的激烈競爭，還是各個企業之間的競爭，因為很多企業都企圖透過奧運會宣傳自己的產品。從某種程度上說，這種競爭經常會超出運動場上的競爭。

為了獲得更多的資金，尤伯羅斯想盡辦法加劇這種競爭，經過一系列的策劃，於是奧運會組委會做出這樣的規定：本屆奧運會只接受三十家贊助商，每個行業選擇一家，每家至少贊助四百萬美元，贊助者可以取得在本屆奧運會上獲得某項產品的專賣權。

消息放出去之後，各個企業都紛紛抬高自己的贊助金，希望在奧運會上取得一席之地。

在飲料行業中，可口可樂與百事可樂是兩家競爭十分激烈的公司。在一九八〇年的冬季奧運會上，百事可樂獲得贊助權，出盡風頭，此後百事可樂銷量不斷上升。可口可樂對此耿耿於懷，一定要奪取洛杉磯奧運會的飲料專賣權。他們採取的戰術是先發制人，一開口就喊出一二五〇萬美元的贊助金。百事可樂根本沒有這個心理準備，眼巴巴的看著別人拿走奧運會的專賣權。

經過多家公司的激烈競爭，尤伯羅斯獲得三・八五億美元的贊助費。他的這一招確實比較凶狠：一九八〇年的冬季奧運會的贊助商是三百八十一家，總共才籌集到九百萬美元。

第三招：「賣東西」

尤伯羅斯的手中拿著奧運會的大旗，在各個環節都「逼」著億萬富翁、千萬富翁、百萬富翁及有錢的人掏腰包。

火炬傳遞是奧運會的一個傳統項目，每次奧運會都要把火炬從希臘的奧林匹克村傳遞到主辦國和主辦城市。一九八四年美國洛杉磯奧運會的傳遞路線是：用飛機把奧運火種從希臘運到美國的紐約，然後再進行地面傳遞，蜿蜒繞行美國的三十二個州和哥倫比亞特區，沿途要經過四十一個城市和將近一千個城鎮，全程高達一萬五千公里，最後傳到主辦城市洛杉磯，在開幕式上點燃火炬。

尤伯羅斯為首的奧運會組委會通過策劃規定：凡是參加火炬接力的人，每個人要交三千美元。很多人都認為，參加奧運會火炬接力傳遞是一件人生難逢的事情，拿三千美元參加火炬接力非常值得。就是這一項，他又籌集三千萬美元。

奧運會組委會規定：凡是願意贊助兩萬五千美元的人，可以保證在奧運會期間，每天獲得兩人最佳看台的座位，這就是一九八四年美國洛杉磯奧運會的「贊助人票」。

奧運會組委會規定：每個廠商必須贊助五十萬美元，才可以到奧運會做生意，結果有五十家雜貨店或廢品公司也出了五十萬美元的贊助費，獲得在奧運會上做生意的權利。

組委會還製作各種紀念品和紀念幣，到處高價出售。

尤伯羅斯就是憑著手中的指揮棒，使全世界的富翁都為奧運會出錢，他不斷的把錢掃進奧運會組委會的口袋裡。

現在我們來看洛杉磯奧運會的結果：美國政府和洛杉磯市政府沒有掏一分錢，最後盈利二・五億美元，創造一個世界奇蹟。

從此以後，奧運會的舉辦權成為各個國家爭奪的對象，競爭越來越激烈。

尤伯羅斯之所以受命於危難之際而最後創造奇蹟，關鍵就是他的精心策劃，他善於發現可以賺錢的機會，善於發現市場的競爭點。

故能而示之不能，用而示之不用，近而示之遠，遠而示之近

【語譯】

所以，能攻而裝作不能攻，要打而裝作不要打，在近處行動而裝作在遠處行動，在遠處行動而裝作在近處行動。

【原文釋評】

「示形之法」是《孫子兵法》中所提「示形」方法的概括。事實上，示形的方法多種多樣，無法全部列舉。它的實質在於透過各種偽裝，達到迷惑敵人並誘使其上當的目的，我方則在這種表面現象的掩護達到自己的某種目的。

這種手段在商戰中，對於實力較弱的一方尤為重要。

「示形之法」就是不採取直接解決問題的方法，而是採取迂迴的方式解決問題，進而戰勝商戰對手的一種詭道之術，這也是經常使用而且有效的招數。因為有些時候，你直截了當的要求對方答應你的要求，對方不一定會答應。如果你繞一個彎，採取迂迴的方法，對方反而會答應你的要求。但是，使用這種方法的難度相當大，必須多動腦筋才可以掌握這種方法。

【經典案例】

二十世紀六〇年代初，有一種噴霧式的清潔劑——「處方四〇九」，常有顧客跑進商店，急切的要買「處方四〇九」。這個時候，臉帶笑容的營業員總是說：「真對不起！剛賣完了。」這種日常用品一時短缺，給許多顧客帶來不便，那些心急的家庭主婦更是抱怨不已。「處方四〇九」到底去哪裡了？

原來，這是經營「處方四〇九」的哈瑞爾公司放出的煙幕。它得到情報：赫赫有名的波克特甘寶公司要向自己發動進攻。波克特甘寶公司經營家庭用品已經有一百多年的歷史，一向財大氣粗，平日同行都敬畏三分。它發現「處方四〇九」大有賺頭，就準備推出新試製的同類產品，把清潔劑市場搶奪過來。一場關係到哈瑞爾公司生死存亡的競爭開始了。

哈瑞爾公司密切注意對手的動靜，當它知道波克特甘寶的「新奇」噴霧清潔劑試製成功，要把丹佛市作為「新奇」的第一個試驗市場時，就通知丹佛市的全部經銷商，不要再往貨架上補貨，神不知鬼不覺的把「處方四〇九」撤離陣地，哈瑞爾公司在此所使用的就是孫子所說的「能而示之不能」。

「『新奇』來了！」這個消息在那些因為買不到「處方四〇九」而煩惱的顧客中流傳，他們都抱著應急的心理試試看，第一批「新奇」就這樣被搶購一空，供不應求！波克特甘寶公司派出的測試小組喜出望外，被眼前的虛幻景象迷住了，立刻通知總部：「『新奇』大受歡迎，銷量直線上升！」於是，「新奇」正式大批生產，準備發動席捲全國的攻勢。

這個時候，哈瑞爾公司看準時機已到，快如閃電，立刻露出真面目。所有的哈瑞爾公司經銷商，都貼出醒目的廣告：「特價出售」，推出特大包裝的「處方四〇九」。其實是把兩種大瓶裝的「處方四〇九」

捆在一起，上面僅標價「一・四八元」，這個價錢便宜得誘人動心。果然不出所料，顧客一窩蜂似的搶購。精明的哈瑞爾公司算過，只要顧客買了這一次，就可以用上半年，也就是說，他們搶先壟斷半年的消費市場。

還蒙在鼓裡的波克特甘寶公司的「新奇」大批推出，可惜，購買者稀少，存貨堆積如山。大筆投資付諸東流，連本錢也撈不回來，波克特甘寶公司大嘆倒楣。過高的期望帶來更深的失望，波克特甘寶公司對「新奇」失去信心，不久之後，「新奇」就從貨架上消失。哈瑞爾公司就用這樣的「示形之法」戰勝對手，取得極大的成功。

夫惟無慮而易敵者，必擒於人

【語譯】

那種既無深謀遠慮而又自恃輕敵的人，一定會被敵人俘虜。

【原文釋評】

在〈行軍〉篇中，孫子根據以往的戰爭經驗指出輕敵者被敵所擒。將這句話運用商戰，就是告誡規模較大、實力較強的企業，千萬不可小看你的敵手，須知市場變化莫測，大與小並沒有絕對的差別，大公司如果不能重視小公司的挑戰，就很可能兵敗千里。

在這個方面，愛迪達和耐吉之間的故事就是一個很好的例子。

【經典案例】

「腳穿愛迪達是你取勝的保證！」

在一九五〇～一九八〇年的國際大型體育比賽上，你都會看到這個充滿鬥志的廣告。事實似乎也證實這句話。

一九五四年，西德國家足球隊正是穿著「愛迪達」運動鞋走向世界盃領獎台。

一九七六年蒙特婁奧運會，八十二%的金牌得主都穿愛迪達。

愛迪達是運動員能力和運氣的象徵。

愛迪達是德國一個擁有很長歷史的運動鞋生產廠商，壟斷世界上高級運動鞋市場達幾十年之久，愛迪達的經理們怎麼也想不到會在短短的幾年之間，輸在一個名不見經傳的公司手中，這個公司就是美國耐吉公司。

一九三六年，美國運動員傑西・歐文斯腳穿愛迪達運動鞋取得輝煌的勝利，使這個一直默默無聞的公司頃刻聞名全世界。愛迪達也從這件事情中得到啟發，從此大規模的生產運動鞋並開始以極大熱情支持體育比賽。

一九四九年，由於經營理念的差異，創建公司的兄弟兩人分道揚鑣。安道夫創辦愛迪達公司。在安道夫的積極運作下，愛迪達每年都可以推出新的運動鞋。該公司產品從田徑鞋、足球鞋、網球鞋擴展到各種運動鞋，銷售市場達到世界上的每個角落，年銷售額達到十億美元。

愛迪達可以把這種小商品做成大生意，主要是採取正確的宣傳方法。它大力向體育產業投資，贊助各種比賽，把國際比賽的場所變成公司廣告的集結點，同時還大力向國外擴張，出賣商標和生產專利，把產品推向世界各地，特別是發展中國家，利用這些國家豐富的勞動力資源創造價值，既避免自己投資，又擴大產品銷售影響，產生一舉兩得的作用。

正當愛迪達豪情萬丈，想要壟斷世界體育運動市場的時候，競爭對手出現了，它就是美國的耐吉運動鞋。

二十世紀六〇年代和七〇年代，美國興起全民健身活動，成千上萬的男女走上街頭和田野，以各種方式從事鍛鍊活動，其中最引人注目的活動就是慢跑。伴隨美國從事跑步活動的人數越來越多，對舒適跑步鞋的需求量就增大許多，到了七〇年代末，根據估計達到兩千五百萬雙，如果每雙運動鞋的價格以五美元計算，一年的銷售額可以達到二億美元。對任何一個從事鞋類生產的公司而言，這都是一個不可忽視的巨大市場。

耐吉公司就是在這樣的有利條件下成長的。它是由美國中長跑的名將費爾·奈特和他的教練比爾在一九七二年創辦的。出身運動員的兩位創業者知道什麼樣的運動鞋受歡迎，他們根據力學原理對運動鞋進行改造，使它更可以適應訓練和比賽的目的，產品推出後深受大眾的歡迎。

公司的擴展非常迅速，一九七二年創辦時，它的產值才兩百萬美元，到了一九七六年就達到一千四百萬美元，一九八二年達到六·九億美元。耐吉公司僅僅用了十年時間就成為美國市場佔有率最大的企業，愛迪達在美國市場的比例不斷縮小，甚至要退出美國市場。

有幾十年經驗的愛迪達為什麼會敗給耐吉公司？為什麼對美國蓬勃發展的運動鞋市場，愛迪達反應如此的遲鈍？

原因出在愛迪達本身，在美國開始興起跑步的時候，愛迪達做出一個極其錯誤的判斷。它斷定在美國這樣一個流行快消失也快的國家，跑步將只是一個時尚，不久就會煙消雲散。但是席捲美國的全民健身運動持續時間之長和範圍之廣，使它喪失進入美國市場的絕好時機，其中遲鈍的反應是愛迪達失敗的關鍵。

但是愛迪達瞧不起這家公司，對他們的挑戰不屑一顧，也是它失敗的重要原因。愛迪達的經理還在想，耐吉公司無非和以前的一些公司一樣，只是曇花一現，沒想到耐吉根本不是想像中的等閒之輩，它看準機會，把愛迪達踢出去。

所以，作為公司的領導者，沉湎於過去的勝利是危險的。《第三次浪潮》的作者托夫勒認為：「**過去的成就正是現在的危險所在，取得領導權不見得保證今天和明天仍然是領袖。**」愛迪達曾經很厲害，但是在成績面前放鬆警惕，結果敞開大門，讓耐吉抓住機會。

對於耐吉公司而言，擊敗愛迪達並不是有什麼特別的招數，它的制勝法寶就是有效的模仿，從愛迪達那裡學到經營和銷售的經驗，然後用來對付愛迪達公司。愛迪達所有招數幾乎都被耐吉採納，但是對耐吉的創新卻置若罔聞，這種對比正好是兩家公司命運的反映。

奇正相生，如循環之無端，孰能窮之哉？

【語譯】

奇正相互變化，就像順著圓環旋轉不斷，無始無終，誰可以窮盡它？

【原文釋評】

《孫子兵法》講究出奇制勝，搶佔商機從某種意義上就是出奇制勝，做別人沒有做過的生意，早人一步就可以在商戰中佔據優勢。

在競爭這個意義上，商業和企業競爭與戰爭有許多共同特點，例如：都需要佔領制高點。任何企業競爭，最終表現為產品和市場的競爭。看準最新產品或冷門產品，人無我有，人有我優，人優我轉，搶先行銷，獨佔鰲頭。這種經營使自己處於沒有對手之絕對優勢地位，是商業和企業競爭中的進攻型謀略，其實質是以攻取勝，以奇制勝。搶先佔領產品行銷的「制高點」，才可以盡收市場風雲變幻於眼底，一覽流通資訊之無餘。運用這個謀略，需要具有較強的新產品開發能力，能承擔一定的風險，承受如果失敗可能帶來的損失，需要有敏銳的目光和開拓的膽識，看準科技發展的「制高點」，看準市場需求的新動向，果斷決策，一舉成功。成功以後，再接再厲，保持優勢。

【經典案例】

日本索尼公司創始人井深大和盛田昭夫，一開始就立志於「率領時代新潮流」。一次偶然的機會，井深大在日本廣播公司看見一台美國製造的答錄機，就搶先買下專利權，很快生產出日本第一台答錄機。

一九五二年，美國研製成功「電晶體」，井深大立即飛往美國進一步考察，果斷的買下這項專利，幾個星期後就生產出公司第一支電晶體，銷路大暢。井深大並未滿足，當其他廠商也轉向生產電晶體的時候，他又成功的生產出世界上第一批「袖珍晶體管收音機」。索尼的新產品總是以迅雷不及掩耳之勢獨佔市場的制高點。

一九七四年，以生產安全刀片著稱於世的美國吉列公司做出一個「荒唐」的舉動——推動女性專用的雛菊牌「刮毛刀」，結果一炮打響，暢銷全美國。銷售額已經達到二十億美元的吉列公司又發了一筆橫財。是偶然，還是巧合？都不是。吉列公司雛菊牌刮毛刀的成功完全是建立在精心周密的市場調查基礎之上的標新立異。一九七三年，吉列公司在市場調查中發現，美國八三六〇萬三十歲以上的婦女中，大約有六四九〇萬人為了保持自身美好的形象，要定期刮除腿毛和腋毛，這與她們的衣著趨向於較多的「暴露」不無關係。

調查者還得到這樣的統計資料，即在這些婦女中，除了約有四千多萬人使用電動刮鬍刀和脫毛劑之外，有兩千多萬人主要是透過購買各種男用刮鬍刀來美化自身形象，一年的費用高達七千五百萬美元。這是一筆很大的開銷，絲毫不亞於女性在其他化妝品上的支出。例如：美國婦女花在眉筆和眼影上的錢僅有六千三百萬美元，染髮劑五千九百萬美元，染眉劑五千五百萬美元，這些費用與刮鬍刀的費用相形見絀。

這是一個極富誘惑力的潛在市場，誰可以搶先發現和開發它，誰將大發利市。

根據市場調查的結果，吉列公司在雛菊牌刮毛刀的設計和廣告宣傳上也非常注重女性的特點。例如：刀架不採用男用刮鬍刀通常使用的黑色和白色，而是選取色彩絢爛的彩色塑膠以增加美感。把柄上還印壓一朵雛菊圖形，更是平添幾分情趣。把柄由直線型改為弧型，以利於女性使用並顯示出女性刮毛刀的特點。廣告宣傳上則是著力強調安全，不傷玉腿。

這也是在調查中廣泛徵求女性意見後做出的決策，吉列公司決定生產女性刮毛刀絕非沒有目的，它是在調查基礎上標新立異。因此，吉列公司也在這個行動中獨佔鰲頭，贏得豐厚的利潤。

總之，現今的市場已經脫離傳統的生產導向和產品導向的階段，而是以品牌為中心，以市場為中心，生產迎合消費者及市場需求的高品質產品，並且透過傳播媒體，不斷累積品牌的資產，以建立品牌的地位。

第六章：情報，決定生死與成敗

孫子在《孫子兵法》中，用一整篇來論述諜報工作在戰爭中的重要性，指出在戰時要做到「知彼知己」，就必須要重用間諜。在經濟日益全球化的今天，企業之間的交往日趨密切，情報工作就是決勝商戰的關鍵。

微哉！微哉！無所不用間也

【語譯】

微妙啊！微妙啊！無時無處不可以使用間諜。

【原文釋評】

戰場上的情報決定勝敗，商場上的情報價值連城，誰可以先獲得情報率先行動，誰就可以戰勝對手，可謂「捷足先登」。另一方面，正是基於這個原因，企業家又要千方百計保護自己的機密不被別人竊取。正像孫子說的「無所不用間也」，稍微不小心就可能洩露最重要的機密。

孫子曰：「兵者，詭道也。故能而示之不能，用而示之不用，近而示之遠，遠而示之近。利而誘之，亂而取之。」商業界的保密，在企業是否獲得成功這一點上經常是決定性的。大多數的企業，都基於軍隊的保密體系來擬定保密計畫。自從有戰爭的歷史以來，司令官有關軍隊的部署和補給及其他輜重的計畫，要是讓敵人察知，就算只是些許，戰鬥也必定敗北，這已經成為軍中的常識。這一點在商業競爭中也越來越被人們重視。

【經典案例】

設在美國加州奧克赫斯特的新銳公司正門停著一輛大型豪華轎車，四個人從車上下來。這四位衣著整潔，都穿著素雅西裝。他們自稱是從IBM總公司來的，想要會見新銳公司的負責人。

新銳公司的總經理把他們請到辦公室，四位之中有一人說明他們的來意：他們是偶爾路過這一帶，想參觀該公司的工廠。

總經理咧嘴笑著，因為他一看就覺得這四個穿著西裝的人，根本不是到附近遊覽而順道來訪。即使如此，他還是對想要參觀的這些人表示歡迎，帶他們到工廠。這四人是來參觀的嗎？根本不是！

一進入工廠，來自IBM的四個人請人打開認為是企業機密檔案室的門鎖，走進去把字紙簍倒出來，查證丟棄的文件是否用碎紙機處理過，然後搖動辦公室公文櫃的鎖，看看有沒有鎖好。

檢查的結果，四個人好像很滿意，於是向IBM總公司報告：新銳公司的企業機密保安措施合格。可是不久之後，四個人又突然駕到，對保守機密的情形重新檢查一番。

與IBM簽了合約而不曾享有工作特權的一位局外人向人訴苦，當IBM要保守機密時，如同罹患偏執狂一般。例如：IBM向代理公司訂製某種零件時，只提供該零件生產上所需的資料，代理公司在整個產品推出市場以前，根本不知道那是做什麼用的。

由於個人電腦業界競爭極為激烈，因此IBM保守機密的形勢，在八〇年代初面臨最嚴厲的考驗。最大的競爭對手「蘋果公司」的個人電腦終於上市，一般大眾對它興趣濃厚，同時也很暢銷，其他公司也競相投入新型的個人電腦市場。

ＩＢＭ決定將以自己的品牌上市的個人電腦零件，不在公司內生產而在公司外生產，唯有裝配工作在ＩＢＭ的波卡雷頓工廠進行。設在佛羅里達州的這家工廠運出第一號成品之前，其他競爭公司根本無法瞭解ＩＢＭ的個人電腦會是什麼模樣，只是複雜的電腦零件由美國各地數百家公司生產。

ＩＢＭ電腦的誕生是一個好例子，它可以顯示出在盜取秘密和竊取零件已經肆無忌憚的產業界，ＩＢＭ為了保守機密而費盡多少苦心。

世界上喝過可口可樂的不知有多少人，然而有誰知道這種飲料的配方？事實上，可口可樂的配方屬於絕對機密，只有企業的幾個核心人物知道。這就是可口可樂行銷世界、享譽全球，幾十年常勝的原因之一。想當初，由於印度政府要求可口可樂公司公開可樂配方的秘密，可口可樂公司毅然決定從印度市場撤出也不公開其配方的秘密，這說明保守企業秘密是多麼重要。

保守企業機密和外商友好相處並不矛盾。企業機密關係到企業的命運與生存，與企業的安全和利益息息相關。和外商友好往來，是為了使企業的產品可以在國際市場上站穩腳步，為企業帶來經濟效益。為了博得外商的信賴，交易者應該發揚助人為樂的精神，急人之所急，幫人之所需。但是切忌口若懸河，有問必答，把自己的「飯碗」拱手相讓，使外國人不費吹灰之力而獲得「秘方」。

隨著國際交往和合作的進一步發展，國與國之間的競爭和鬥爭也會更趨激烈，企業秘密和科技情報將成為各國商業間諜竊取的重要目標。因此，交易者一定要提高警惕，切莫在「滿足對方需要」時洩露機密。

必取於人，知敵之情者也

【語譯】

一定要取之於人，從那些知道敵情的人那裡去獲得。

【原文釋評】

軍事行動是事關生死存亡的大計，保密工作十分重要。但是從另一方面說，想要取勝，必「知敵之情」。為了瞭解敵方的真實情況，除了運用偵察等公開手段以外，還有一個隱蔽的方法，就是「竊密」和「用間」，這兩招在商場中屢見不鮮。

現代商戰中，商業間諜關注的一般是企業的資訊及領先技術，對於一個生產性的企業來說，透過獲取對手的領先技術進而加快自己的發展，是商戰中的「用間」妙法。

毫無疑問，企業的科學技術研究與開發情況是情報部門打聽的重點。科學技術是一種很重要的競爭優勢，但是它如果為你所有，對手的競爭優勢就喪失了。日本人是剽竊技術的高手，日本在激烈的國際市場競爭中獲得巨大的成功，「技術扒手」功不可沒。日本的每個企業和每位員工都非常珍惜市場情報資訊，對技術情報的欲望更是強烈。日本的本田公司的創始人本田宗一郎，就是日本「技術扒手」中的一流高手。

【經典案例】

一九五四年，本田宗一郎在歐洲考察時，參觀英國倫敦世界機車展覽大會，眼界大開。他看到世界機車生產和研製的最高水準。他花掉所有的錢，買了大量的機車零件，帶回日本。經過幾年的研究與仿製，本田牌機車以它特有的優勢，佔領世界市場。如今，本田已經成為世界「機車之王」。

日本在二次大戰後經濟起飛，像本田宗一郎一樣的一批技術人員功不可沒。透過類似的技術剽竊、廉價的技術專利購買，然後充分發揮傑出的模仿才能，使日本與西方發達國家的技術差距縮小。至今，日本人依然視情報為企業的生命，在世界各地的企業和研究機構安插自己的情報人員，透過他們來獲得世界最新技術情報。日本經濟情報人員的工作不僅使日本始終在世界技術競爭中領先一步，而且每年為日本節省巨額的研究開發費用。美國企業界一直攻擊日本企業手段卑劣，然而在競爭的壓力下，也紛紛建立自己的情報部門，因為世界上公平的競爭從來就不曾有過！

此外，出版業的空前繁榮使報紙與雜誌和書籍成為社會中極其重要的資訊媒介。經過分析和判斷，任何瑣碎的情報都可能在關鍵的時候幫你的忙。從利用網路到翻垃圾堆，情報人員所做的工作都是合法的也是必不可少的。他們花費大量時間參加各種展示會，和證券分析人員或證券商與供應商細心的交談。利用自己敏感的情報神經，抓住每個可能有用的資訊。可以在很不顯眼的地方發現重大線索的才能是極為難得的，一般人不是缺少「情報」，而是缺少發現的眼睛。

當年輕的李嘉誠自立門戶要生產當時流行的塑膠花時，他遇到技術上的難題使其一籌莫展，無可奈何之下，他想到親自到國外學習新產品技術這一招。

一九五七年春天，李嘉誠抱著強烈的希望和求知欲，飛往義大利去考察。他在一間小旅社住下，就急不可待的去尋訪那家在世界上開風氣之先的塑膠公司的地址，經過兩天的奔波，李嘉誠風塵僕僕來到該公司門口，但是戛然卻步。

他素知這家公司對新產品技術的保留與戒備，也許應該名正言順購買技術專利。然而，一來自己小本經營，絕對付不起昂貴的專利費；二來這家公司絕對不會輕易賣出專利。

情急之中，李嘉誠想到一個絕妙的辦法。這家公司的塑膠廠招聘工人，他去報了名，被派往車間做打雜的工人。李嘉誠只有旅遊簽證，按照規定，持有這種簽證的人不能打工，老闆給李嘉誠的薪水不及其他工人的一半，他知道這位「華裔勞工」是非法打工，絕對不敢控告他。

李嘉誠負責清除廢品廢料，他推著小車在廠區各個地方來回走動，腦袋卻恨不得把生產流程全部記下來。李嘉誠十分勤勞，他們絕對想不到這個「下等勞工」竟然是「國際間諜」。李嘉誠下班後，急忙趕回旅店，把觀察到的一切記錄在筆記本。

整個生產流程都熟悉了，可是屬於保密的技術環節還是不得而知，李嘉誠又心生一計。假日，李嘉誠邀請數位新結識的朋友，到城裡的中國餐館吃飯，這些朋友都是某一工序的技術工人。李嘉誠用英語向他們請教有關技術，佯稱他打算到其他的工廠應徵技術工人。

李嘉誠經由眼觀耳聽，大致悟出塑膠花製作配色的技術要領。最後，李嘉誠到市場調查塑膠花的行銷情況，驗證塑膠花市場廣闊的前景。

平心而論，以現在的商業準則衡量李嘉誠當年的行為，值得商榷。但是在那個時代，模仿是很普遍的

現象，無可厚非。李嘉誠創大業的雄心勇氣和他隨機應變的精明，對我們不無啟迪。

一九七三年，前蘇聯故意在美國放出消息，要在美國挑選一家飛機製造公司，為蘇聯建造一個世界上最大的噴射客機製造廠。蘇聯害怕美國的公司不上鉤，還特地聲明，如果美國的公司不行，就將三億美元的生意讓給德國或是英國。

美國三大飛機製造公司聞訊之後，紛紛私下與蘇聯方面接觸，以積極的態度表示願意和蘇聯合作，保證建造一個世界一流的飛機製造廠。但蘇聯的態度則是不冷不熱，參加談判的代表變戲法般的周旋於三家公司之間，以挑起他們之間的競爭，競相滿足蘇聯方面提出的各種條件。其中，波音飛機製造公司甚至同意蘇聯二十名專家到飛機製造廠參觀考察。

蘇聯人大搖大擺的到飛機製造廠隨心所欲的參觀，滿心歡喜的帶走上萬張照片和技術資料，甚至獲得波音飛機製造公司製造巨型客機的詳細計畫。就在美國人焦急的等待蘇聯方面簽定合約時，蘇聯利用波音公司提供的技術資料，自己設計製造出巨型噴射運輸機。

雖然美國人也留了一手，波音飛機公司在提供資料的時候，沒有洩露有關製造飛機的合金材料的秘密，可是蘇聯人卻用這些合金材料製造出這種寬機身飛機。原來，蘇聯「專家」在考察波音飛機的時候，穿一種黏著力極強的特製皮鞋，鞋底可以吸住從飛機零件上切削下來的金屬碎屑，進而獲得製造合金材料的絕密。

市場上的競爭，歸根究底是以利益的獲得為目的，獲得利益的基本途徑就是要佔有市場。蘇聯人正是利用美國幾家公司急於佔領市場的心理，以「做一筆大買賣」為誘餌，「利而誘之」，無償獲得自己所需要的一切技術資料，包括極其寶貴的絕密資料。這種利益用金錢是無法衡量的，美國的幾家公司因「食」佔領市場的誘餌，不僅沒有達成任何交易，而且失去本來可以獲得的極大利益，這不能不說是貪「利」的惡果。

而愛爵祿百金，不知敵之情者，不仁之至也，非民之將也，非主之佐也，非勝之主也。

【語譯】

如果吝惜爵祿和金錢，不肯重用間諜，以致因為不能掌握敵情而導致失敗，那就是不仁慈到了極點，這種人不配做軍隊的統帥，不算是國家的輔佐，也不是勝利的主宰者。

【原文釋評】

在戰爭中，決策的對錯關係到戰爭的成敗，所以《孫子兵法》強調「知敵之情」，因為情報資訊是決策的依據。作為一個企業決策者，其決策絕對不能憑空臆斷，應該廣泛收集商業情報資訊，做出正確決策，才可以在競爭中立於不敗之地。

作為一個企業家應該瞭解，情報的收集能力和選擇能力對制定合理的企業戰略，在商戰中奪取勝利至關重要。從情報與企業經營的聯繫來看，由於情報品質不同，經營者所做的決策有極大差別，即使是高智慧的企業家，如果依據不充分而可信度低的情報所做的決策，也不可能是正確的。

作為經營資源的情報，最主要的是和經營環境如何變化，主導產品的需求動向如何變化有關的情報。

這種超前性的情報，有可能從現在的情報分析中取得。例如：經常與用戶接觸，就可以因為獲得非正式的情報而產生意想不到的作用。

如果可以調動起經常活躍在用戶周圍的推銷員的市場調查研究的擔當者的情報意識，就有可能比其他企業更早的獲取有價值的情報。例如：GM公司在第一次石油危機爆發的前一年，即一九七二年，就從世界各地的情報網中獲得能源價格將在近期上升的可靠情報，並給予充分的重視。他們當年為此成立能源問題的特別小組，並立即進行半年的集中調查。

根據調查的結論，從一九七三年四月起，GM公司就實行降低燃料費的適度計畫，同時採取將車身內鐵製的一部分零件用塑膠和鋁合金取代，生產輕型汽車的計畫。

可見，情報的收集能力和選擇能力強的企業，可以比其他企業更早的預見未來，進而迅速而超前他採取對策，防患於未然。

【經典案例】

大宇公司曾經是韓國最負盛名的國際企業，他們最拿手的就是對情報資訊的判斷和分析。據說，每當大宇實業開發或推銷一種新產品時，公司總裁金宇中總是預先做好市場需要方面的調查，善於捕捉商品經濟戰場上一閃而過的戰機，憑藉知識和機會，抓住時機，果斷決策，這是金宇中在商戰中獲得成功的重要經驗。難怪有人說，金宇中的成功就在於具有驚人的前瞻力，在別人還舉棋不定的時候，他就捷足先登。

自印尼實行紡織品進口自由化以來，東南亞紡織品市場出現過熱現象。在這種情況下，為了預防不測，金宇中組織以韓國銀行調查部職員為核心的諮詢顧問小組，由他們每星期一次為大宇實業進行有關國際貿易市場和國際經濟發展趨勢等問題的諮詢活動。

根據他們提供的資訊，認為國際紡織品市場將會供過於求，最終導致國際紡織品市場不景氣，因此，韓國的纖維製品和紡織品的出口不久也將會和國外一樣，轉為附加價值高的服裝出口。

這個資訊使金宇中受到啟發。他認為，商品市場一般是按一定的規律週期循環的，當市場景氣時事先必須採取措施以防不測，當市場不景氣時應該想盡辦法擴大領域，增加出口。為此，他當即決定增加對服裝生產的投資。

不久之後，韓國紡織業就處於全面不景氣狀態之中，僅釜山就有八〇%的企業受到影響。但是，金宇中非常清楚，紡織業不景氣只是韓國出現的短暫現象，這是因為企業經營不善所致，技術水準與韓國相似的台灣和香港等地的服裝行業卻一直很景氣。當時，韓國絕大多數企業的經營目的不是為了擴大出口，而是為了所謂的技術所得。

何謂技術所得？當時，韓國為了振興出口，鼓勵企業積極生產，對經營者出口用原材料給予二十七%的損失率，即在一百公尺纖維原料中，只要可以生產出七十三公尺的成品，剩餘的二十七公尺允許免除稅收。

因此，各企業在生產過程中最大限度的採用先進技術，盡力減少二十七%的損失率，這種技術所得往往比生產成品出口獲得更多的利益。

所以，各企業都想用技術所得彌補出口赤字。在這種情況下，企業往往只追求眼前利益，千方百計的提高技術所得，這樣做的結果，必然導致產品粗製濫造。

當時，金宇中卻不這樣做，他積極促進紡織品出口，其目的是為更多人提供就業機會，同時為韓國紡織業樹立對外的形象。但是，他的這種做法並沒有引起任何人的重視。這樣一來，反而使他不受任何制約，大膽的開創自己的事業。他透過積極改進技術不斷擴大對外貿易，同時為了提高對外信譽，積極推行以廉價產品為主的出口貿易。

進入二十世紀七〇年代，美國紡織業面臨一場重大的危機，紡織業的年增長率超過三十二％。其中韓國向美國出口的紡織品只佔美國紡織品市場的三．五％，向美國出口的幾種特定商品的市場佔有率超過二〇％。

在這種情況下，金宇中意識到美國對紡織品的大量湧進遲早要實行進口限制。當時，在美國市場已經顯露限制紡織品進口的動向。為此，金宇中於一九七一年五月不惜重金雇用熟悉美國商業部內部情況的美國人為顧問律師，不僅獲得花幾十倍金錢也換不來的大量經濟資訊，而且得知美國將要對韓國、台灣、香港等的出口紡織品實行限制的情報。

金宇中認為，美國實行紡織品進口限制並不是一件壞事。因為日本紡織業賺錢，是從美國實行進口限制以後才開始的。美國實行紡織品限制以後，日本紡織企業為了跨越出口限制而做出許多努力，不斷採用新技術使產品更新，向高級產品發展，提高出口價格。結果，出口量雖然減少，但是出口貿易額卻大幅度增加，在不到一年的時間，紡織品出口貿易額就增加近二倍。

金宇中獲得情報之後，立刻向商工部通報，並要求儘快採取對策。可是，當時世界各國和韓國經濟人士普遍對美國實行紡織品進口限制半信半疑。特別是商工部有關人士認為，美國是韓國的「友邦」，無條件的支持韓國的經濟發展，不可能會對韓國實行進口限制，因而無動於衷。金宇中無奈，又透過韓國服裝出口協會，把這個情況及時通知給有關企業，他們也都當成耳邊風，不予理睬。

但是金宇中憑藉他在貿易方面多年的工作經驗，相信美國一定會實行進口限制，於是採取以攻為守的策略，開始向美國市場展開積極的傾銷戰。他認為，確保美國市場的最好辦法，是最大限度的增加出口量。

為此，他不僅廣泛的提前開始訂貨活動，而且還透過設在美國當地的法人，向美國企業家大力推銷大宇實業的紡織品，擴大出口貿易額。在競爭中，一些貿易公司和企業唯恐出現赤字，都紛紛退出，他卻不管有無虧損一味的擴大對美出口。

正當金宇中向美國市場展開全面攻勢之時，美國終於在一九七一年十月通過關於限制紡織品進口規定，並正式宣布對韓國紡織品進口實行限制。當時，韓國商工部對此毫無準備，感到驚慌失措，急忙找金宇中共商對策。

根據美國和韓國簽定的纖維協定，韓國每年可以逐漸向美國擴大出口量，但是在美國實行進口限制第一年（一九七二年）的配額，到八月三十日前不得超過美國海關掌握的年度進口量。在這種情況下，金宇中認為今後只能在兩國簽定新的纖維協定的業務會談中尋求最佳方案。在業務會談中必須爭取擴大每年紡織品出口的幅度和比例，但是這取決於本國紡織品生產每年能增加多少。

「因此，從現在起到一九七二年八月底的期間，希望所有部門竭盡全力來支持和鼓勵企業最大限度的向美國出口。與此同時，在和美國談判之前，還必須事先準備好必要的資料，如果毫無準備的和美國談判，就像赤手空拳上戰場。」

他還說：「對企業來說，各自都應該有一些顧客。但是從現在起應該對沒有信用證或出口合約手續的企業，事先發放出口許可證，然後再完善必要的手續。這樣做的目的，是在限期內盡可能向美國多出口一些紡織品。」

金宇中的這些建議全部被商工部和企業家們接受，因此韓國當局開始實行對美國紡織品出口配額制，即根據各貿易會社和企業對美國出口紡織品的數量，相應的分配對美國出口的比例。於是，金宇中全力以赴的展開增加對美出口紡織品的競爭。結果，在其他企業和出口商對美國進口限制仍然抱持觀望態度時，金宇中已經成竹在胸，使大宇的產品在美國有固若金湯的市場。

內間者，因其官人而用之

【語譯】

所謂「內間」，是指收買敵國官吏做間諜。

【原文釋評】

孫子認為，要打亂敵方步驟就要應用敵方內間，同時又強調：「賞莫厚於間。」主張對間諜要重金收買。現代商戰中的許多商業間諜案例，都離不開重金收買。

【經典案例】

著名的希臘船王曾經垂涎阿拉伯石油的巨大財富，與阿美石油公司展開一場殊死搏鬥。

在阿拉伯這片沙漠的四周，阿美石油公司已經捷足先登，築起一道嚴密的高牆，取得開採專用權，任何外人都很難尋到一絲機會。阿美石油公司是兩家巨大的美國石油公司「埃索」和「德士古」的分公司，在沙烏地阿拉伯年產石油四千萬噸，其雄厚的財力使任何企業不敢與之匹敵。阿美石油公司對沙烏地阿拉伯石油的開採權以合約形式明確下來，每開採一噸石油給王國相當數目的開採費，並且由石油公司自己的油輪運往世界各地。

面對這個強大的對手，船王準備迎敵。他熟讀所有關於石油開採的文件，對阿美石油公司和沙烏地阿拉伯之間的協議更是瞭若指掌，對每個條款都不斷研究。他巧用「瞞天過海」的伎倆，避開輿論注意，以度假的名義，帶著他的金髮美妻和豪華遊艇暢遊地中海。

然後，他將美麗的妻子留在海上，自己秘密訪問阿拉伯，在手抓羊肉的盛宴中，他向沙烏地阿拉伯國王提示，王國與阿美石油公司的協議中，沒有排斥沙烏地阿拉伯擁有自己的油船隊來運輸自己的石油，這是一筆無法估計的財富。船王提出動人的建議：用阿拉伯的油船來運輸阿拉伯的石油，而不是由掛著美國國旗的阿美石油公司來運輸，這樣王國的利潤將會再擴大一倍。

終於，船王與沙烏地阿拉伯國王達成密約，這就是舉世震驚的吉達協定。協定規定，雙方共同組建「沙烏地阿拉伯海運有限公司」，公司擁有五十萬噸的油船隊，掛沙烏地阿拉伯國旗，擁有沙烏地阿拉伯油田開採的石油運輸壟斷權。

然而沒有想到的是，轉眼之間，這個巨大的成功又毀於一旦，一位希臘船東被阿美石油公司重金收買，成為其內間，他揭露船王以收買和偽造文件的方法騙取「吉達協定」。還說自己曾經是船王的中間人，被委託周旋在阿拉伯王宮貴族之間，使用許多欺詐手段，自己也是受害者之一。

這些指控轟動整個西方世界，沙烏地阿拉伯國王完全陷入被動的境地，所有的新聞都指向「被愚弄欺騙」的阿拉伯王宮。

沙烏地阿拉伯國王終於抵擋不住來自各方面的責難，在一個早晨，把已經簽署的「吉達協定」撕得粉碎，並將它稱為欺騙和狡詐的事件。阿美石油公司的收買策略一舉獲勝，希臘船王的所有努力，數十萬美元全部付諸東流。

船王沮喪告別阿拉伯之後才如夢初醒，後悔不應該把自己的秘密讓他人知道得太多。

反間者，因其敵間而用之

【語譯】

所謂「反間」，就是收買敵方派來的間諜，使其為我所用。

【原文釋評】

「五間俱起，莫知其道。」面對諜海風雲，《孫子兵法》強調對所有的情報都要冷靜對待，分清真偽。「非微妙不能得間之實。」同時指出誤判情報的嚴重後果：「間事未發而先聞者，間與所告者皆死。」在商戰中，用間不成，誤判情報，被人反間的案例比比皆是，所以企業家不得不提高自己的情報判斷力。

【經典案例】

在二十世紀七〇年代中期的一場「世紀工程」奪標大戰中，韓國企業家鄭周永就是運用「將計就計，反間為計」的謀略大獲全勝。

一九七五年，石油富國沙烏地阿拉伯對外宣布一個驚人的決定：在本國東部杜拜興建大型油港，預算總額為十億至十五億美元，並向全世界各大承建公司公開招標。

這項工作十分龐大，堪稱「二十世紀最大的工程」。此消息風靡世界各國，立即引起世界建築商的關注，其中躍躍欲試者有之，望而卻步者也有之。

一九七六年二月，中東戰雲密佈，大軍壓境。一場驚人的「世紀工程」奪標大戰拉開序幕。

這個時候，歐洲五大建築公司已經早早踏上這個海灣小國，企圖打敗競爭對手，奪標取勝。此外，美國、法國、日本等國家的頭等建築公司也匆匆趕來，決意參與這場大角逐。

最後一個到來的，是韓國鄭周永率領的現代建設集團。雖然姍姍來遲，然而他卻是競爭中的強者。

於是，有些公司表示願意和他合作，一起承包工程；有些公司乾脆提出，只要他退出競爭，立刻支付一筆可觀的現金作為補償。

鄭周永到底是什麼人，竟然令這些赫赫有名的企業鉅子如鼠見貓一樣？

鄭周永出生在韓國一個貧窮的農家，小學沒畢業就遠離家鄉打工謀生。一九四〇年，他憑自己的一點積蓄開辦一家修理店。一九四七年，他創辦現代公司，不久之後，擴展為現代建設集團。在鄭周永的領導下，現代建設集團的員工刻苦努力，一躍成為韓國建設業的霸主。他曾經用十分鐘時間就擊敗所有對手，得標承建被稱為韓國「開國以來最大的工程」。自此，鄭周永被同行攻擊為「阿拉斯加來的土匪」。似乎這位名不見經傳的無名小輩是一位不講規矩的粗野土匪，而土匪的野性又造就他的冒險精神和置生死不顧的可怕行為。

正是這一點，才使歐美的建築鉅子膽顫心驚。

有一天，鄭周永的好友、大韓航空公司社長趙重勳突然來找鄭周永。

好友重逢，十分熱情。趙重勳盛情邀請鄭周永去喝酒敘舊，鄭周永再三推辭不過，只好應邀赴宴。

他們找到一間幽靜的房間，一邊喝酒一邊聊天。酒過三杯，趙重勳突然對鄭周永說：「鄭兄，這個工程是一塊難啃的骨頭！」「就是再難啃，我也有把握把它啃下來！」鄭周永胸有成竹的說。

「唉，你何苦非要冒這個險？」接著，趙重勳壓低嗓門說：「只要你願意退出，還可以不勞而獲，得到一筆可觀的意外之財，何樂而不為？」

鄭周永暗吃一驚，才知道老友的意思，卻不動聲色的問：「有這樣的好事？」

趙重勳以為對方動心，乾脆把話說明白：「不瞞老兄，是法國斯比塔諾爾公司委託我來勸你的。他們說，只要你不參加競爭，他們立刻付給你一千萬美元。」

鄭周永暗暗冷笑：「法國人也太小看我了，這點小錢就想叫我退出！」他沉吟了一會兒，想出一條妙計。

「趙兄的好意，小弟心領了，但是這個工程，我還是爭定了。」

「唉，兩邊都是朋友，我也是為你們著想。」趙重勳不免有點失望。

這個時候，鄭周永舉杯一飲而盡，抱歉的說：「趙兄，失陪了。我還有一件緊急的事情要辦。」

「什麼緊急的事情？我可以幫你嗎？」

「唉，還不是為了一千萬保證金……」鄭周永故意把話說一半，於是他「滿懷氣憤」的告別老友。趙重勳回去就將這件事情告訴斯比塔諾爾公司。

法國人得知這個「情報」後，開始在鄭周永的投標金額上做文章，按照投標規定，得標者需要預交工程投標價格二%的保證金。由此，他們判定鄭周永的現代建設集團的投標金額可能在二十億美元左右，最少也在十六億美元以上。

然而，這正是鄭周永的良苦用心，他也想透過朋友的嘴給對方一個「回報」。

在此期間，鄭周永頻繁利用「假情報」向其他競爭者施放煙幕彈，設置假象，擾亂對手。

在鄭周永的那間封閉保密的會議室，燈火通明，氣氛緊張，鄭周永正在為他的決戰做最後準備。

在報價問題上，鄭周永煞費心機，他仗著自己旗下的現代重工業及造船廠等企業可以提供前線大量廉價的裝備和建材，仗著自己的實力，決心使出「傾銷價格」，力排群雄，在競爭中大獲全勝。

起初，他經過分析和借鑑國外建設工程價目表，初步擬定整個工程報價為十二億美元。

爾後，經過再三思慮，鄭周永對初始報價十二億美元先後進行二十五%和五%的兩次削減，最後定為八．七億美元。

對此，他的高級助手田甲源抱持反對態度，認為削減到二十五%，即九．三一一四億美元就可以。但是鄭周永卻一意孤行，他認為在投標報價問題上，不同於比賽，它只有第一名，沒有第二名，想要取勝，報價必須通過強烈的競爭，尤其是在大型項目上更要有十拿九穩的把握。

一九七六年二月十六日，這是決定鄭周永與他的現代建設集團走向世界的關鍵一刻。

現代建設集團的投標代表是田甲源，然而這位肩負重擔的田甲源先生卻在關鍵性的最後一刻自行其是，在投標價格表上填上九．三四四億美元。填完報價數目後，田甲源懷著勝利的信心走進工程投標最高審決辦公室。

那裡的工作人員緊張的忙碌著，田甲源坐也不是，站也不是，當他聽到主持人說美國布朗埃德魯特公司報價九．〇四四億美元時，剎那間他臉色蒼白，踉蹌的走到鄭周永面前，含糊不清的說：

「鄭董事長的決定是對的，我……我沒有照你的話做，結果比美國人多……多了三千萬美元。我們失敗了！」

鄭周永看到田甲源難受的模樣，感到得標已經沒有希望，他想給田甲源一記響亮的耳光，然而這裡畢竟不是韓國，而是「世紀工程」的招標會議室。

正當他想要離開會議室的一瞬間，另一個助手鄭文濤激動萬分的從仲裁室跑到鄭周永面前大聲的喊道：「董事長，我們勝利了！我們成功了！」

鄭文濤的消息使現代建設集團所有在場的人員都像木偶似的。他們不知所措，到底是田甲源錯了，還是鄭文濤對了？真讓人大惑不解。

原來，美國布朗埃德魯公司的報價是分兩部分進行的，第一部分就是九・〇四四億美元。相比之下，田甲源填的九・三四四億美元的報價是最低報價。

當沙烏地阿拉伯杜拜海灣油港招標仲裁委員會最後宣布現代建設集團以九・三四四億美元的報價獲得這項二十世紀最大工程的招標時，在場者個個呈現一副驚呆之狀，鄭周永自己也不敢相信，更何況田甲源？

對於這個報價，西方的所有強勁對手都驚愕不已，他們覺得受了鄭周永的騙。尤其是那些法國人，他們老羞成怒的罵他是「騙子」、「土匪」。

在這場沒有硝煙的商戰中，鄭周永成功的使用「反間」之計，以逸待勞，擊敗所有的競爭對手。

此兵之要，三軍之所恃而動也

【語譯】

這是用兵的關鍵步驟，整個軍隊都要依靠間諜所提供的敵情來決定軍事行動。

【原文釋評】

孫子強調作戰前的情報收集，不打沒有準備的戰爭，認為情報是「三軍之所恃也」。在商戰中，資訊就代表商機，搶得商機就可以先發制人。一個精明的企業家，不會放過任何一點有用的資訊。

現在，我們身處資訊時代，資訊就是我們創業的基礎，所以捕捉資訊就是商戰成功的關鍵之一。香港假髮業之父劉文漢，就是因為善於觀察和思考，進而在商場上大獲成功。

【經典案例】

二十世紀六〇年代中期，不滿足於經營汽車零件的商人劉文漢去美國旅行，考察美國的市場，同時也想學習經商之道。有一天，他去克里夫蘭市的一家餐館跟兩位美國朋友共進午餐。美國朋友一邊吃飯一邊談著各自的生意經，一位無意間提出「假髮」兩個字。劉文漢心中一動，脫口大叫：「假髮？」美國朋友又一次補充：「假髮，是的，我想購買十三種不同顏色的假髮。」

就是餐桌上這席普通的談話使劉文漢獲得資訊。他充分利用自己敏捷的思維，很快就做出正確判斷：假髮中大有文章可做，其中蘊含著無窮的商機。

回到香港，劉文漢立刻著手調查製造假髮的原料來源。經過調查研究他發現，從印度和印尼輸入人髮到香港，製成各種髮型的假髮，成本相當低廉，最貴的每個不超過十一港幣，一個假髮的售價卻高達數十美元。劉文漢喜出望外，立即決定在香港創辦假髮工廠。製造假髮需要技術專家，劉文漢聽說有一個專門為演員製造假髮的師傅，就不辭辛勞的請這位師傅幫忙。但是這位師傅說，製造一個假髮需要用三個月時間，遠水救不了近火，但是劉文漢並沒有因此放棄，他在頭腦中飛快的將手工操作與機器操作聯繫起來，終於想出辦法。

劉文漢先是把那位內行師傅請來，又招來一批薪資低廉的女工，精通機械之道的他立即著手改造出假髮製造的操作機器，然後一步一步的教那些工人們操作。就這樣，世界上第一個製造假髮的工廠誕生了，各種顏色和式樣的假髮大量生產。消息在市場上不脛而走，訂單像雪片般的飛到劉文漢的工廠裡。到了一九七〇年，劉文漢的假髮工廠銷售額已經達到十億港幣。

從劉文漢成功的經驗來分析，如果不是仔細觀察和分析研究，他就不會取得如此輝煌的成就。他的頑強意志與伺機而斷，以及所具有的相關知識，也為他的成功提供很多有利條件。但是我們不可否認，在劉文漢成功的事例中，敏銳的洞察力產生決定性的關鍵作用。如果是一般人，很可能隨意的放過這個看似微不足道卻大有潛力的資訊，劉文漢不僅捕捉到它，而且還進行縝密的考慮，確定自己經營的目標，進而取得巨大的成就。

這也即是著名的成功學家拿破崙・希爾所說的「成功的神奇之鑰」。

要培養敏銳的洞察力，就需要我們平日多加留心身邊的各種事物。

但是只有資訊還不夠，還要對資訊進行具體的分析，才可以得出正確的結論，做出正確的抉擇。如果有資訊而不對它進行仔細的分析研究，資訊始終只是一些粗略的表面現象，你永遠無法觸及實質。因此，在我們透過觀察獲得資訊之後，要充分發揮自己的主動性，對表面的現象進行深刻而仔細的研究分析。

故明君賢將所以動而勝人，成功出於眾者，先知也

【語譯】

明君賢將之所以一出兵就可以戰勝敵人，功業超越普通人，就在於可以預先掌握敵情。

【原文釋評】

名君賢相的成功在於預先掌握「資訊」，現代的企業家之所以能獲得成功，秘訣也全在於此。商界競爭能否取勝，關鍵是能否掌握市場訊息。其實，資訊隨時都會產生，但是一般人經常抓不住有價值的資訊，只是因為我們缺乏洞察資訊價值的眼光。傑出的企業家之所以能「成功出於眾也」，正是因為他們具有這種眼光。美國企業家亞默爾公司的創始人菲利普・亞默爾就是因為具有驚人的敏銳眼光，可以抓住重要的資訊，進而獲得成功。

【經典案例】

美國南北戰爭快要結束時，市面上的豬肉價格十分昂貴。亞默爾深知，這都是戰爭造成的，如果戰爭結束，肉價就會猛跌。亞默爾有讀報的習慣，有一天，他拿起一份當天的報紙，看到一則極普通的新聞報

導：一個神父在南軍李將軍的轄區遇到一群兒童，他們是李將軍下屬軍官的孩子。孩子們抱怨：「他們已經有好幾天沒有吃到麵包，父親帶回來的馬肉很難下嚥。」亞默爾立即得出以下判斷：李將軍已經到了宰殺戰馬充饑的境地，戰爭不會再打下去。

亞默爾立即與當地銷售商簽定以較低的價格售出一批豬肉的銷售合約，條件是交貨時間延遲幾天。

果然，戰爭迅速結束了，豬肉的價格暴跌，亞默爾從這筆交易中輕鬆的賺了一百萬美元。

一八七五年春天的一個週末，亞默爾和夫人一起外出郊遊，突然報紙上一則看來並不重要的消息引起他的注意。消息報導墨西哥的一種牲畜病例，那種病好像是由一種瘟疫引起的。當時，亞默爾已經開始經營肉類生意。他的目光停留在那條消息上，腦子飛快的轉動著。他想，要是墨西哥真的發生家畜瘟疫，美國鄰近的兩個州——加州和德州勢必將受到傳染。這兩個州是美國肉類食品的供應中心，如果發生瘟疫，整個美國的肉類供應必將嚴重短缺。經過一番盤算，他拿起電話，撥通家庭醫生的號碼，問對方想不想去墨西哥旅行。這個突如其來的建議使醫生不知如何回答。但是亞默爾不容醫生多想，就請醫生放下手頭的一切，立即趕到他郊外野餐的地點當面商量。醫生趕到郊外，亞默爾已經遊興索然，他的身心被生意佔據。他請醫生立即趕到墨西哥，實地查明那裡是不是真的發生瘟疫。醫生第二天到了那裡，迅速把瞭解的情況告知亞默爾，證實他根據報紙的消息做出的判斷準確無誤。

亞默爾掌握這個情報後，立刻迅速行動，集中全部可以動用的資金在加州和德州搶購大批肉牛和生豬，把它們運到美國東部。不久之後，瘟疫在加州和德州傳播，美國政府嚴厲禁止這兩個州的一切肉類食品外運，市場上肉類食品緊缺，價格猛漲。備貨充足的亞默爾在短短幾個月之內，就賺了六百萬美元。可是亞默爾遺憾的說：「我本來想讓醫生立即去墨西哥，他延誤一天使我丟掉一百萬美元。」

凡軍之所欲擊，城之所欲攻，人之所欲殺，必先知其守將、左右、謁者、門者、舍人之姓名，令吾間必索知之。

【語譯】

凡是要準備攻打的敵方軍隊，要準備攻佔的敵方城池，要準備刺殺的敵方官員，都必須預先瞭解其主管將領、左右親信、負責傳達的官員、守門官吏、門客幕僚的姓名，指令我方間諜一定要將這些情況偵察清楚。

【原文釋評】

在高度資訊化的今天，企業家如果想在競爭中獲勝，就必須重視情報資訊。有些外國學者曾經斷言：「取得和傳播新的資訊已經成為經濟發展的動力，如果不能取得新的資訊，這個社會將面臨毀滅。」事實上，凡是優秀的企業家們沒有不重視市場訊息。他們每天所做的事情中，瞭解資訊佔據重要的地位。他們透過對大量情報資訊的綜合分析來瞭解市場變化的規律和方向，在「揚長避短」的方針指導下，制定出相應的企業經營策略，為企業的發展開闢廣闊的前景。反之，如果一位企業家不瞭解經營環境變化，只靠一時心血來潮就做出決定，註定要吃虧。因此在市場化時代，各種商品只有重視「先知取人」，透過各種管道掌握準確情報，才可以順利行銷。

【經典案例】

厚川是日本豐田汽車公司的推銷員，他在大學期間已經開始為豐田公司工作。一九七七年在日本大學畢業後，他已經在其責任地區奔跑了近十年。他不僅路況熟，而且對責任地區的面積、人口、市場特點，區內擁有豐田汽車數量，豐田汽車在市場上的佔有率，豐田汽車登記數量，隨著季節變化而出現能否暢銷的前兆，更換新車的週期，其他汽車公司的動向，推銷途徑的不同特點，都是瞭若指掌。厚川曾經說：「談到我負責的幾個地區的情況，我比郵差更清楚。這個地區有什麼建築，有什麼公共設施，住著什麼人，我差不多都知道。」正因為他經由自己的努力，掌握責任地區非常詳細的資訊，所以工作起來得心應手，業務成效也十分可觀。

豐田汽車公司的推銷員在推銷上產生決定作用的情報，主要來自於以下幾個方面：一是推銷員精心的收集，包括家屬、朋友、熟人、同學、經常去買東西的商店幫助提供；二是有關汽車方面提供的情報，包括用戶、司機、停車場、加油站、零件經銷店、其他公司推銷員；三是本公司內部人員協助，包括主管、司機、服務人員、零件或油品推銷員、來往客戶；四是其他行業的外務人員或推銷員，包括銀行與保險公司的外務人員，銷售化妝品、電氣用品、縫紉機、傢俱、西裝、鋼琴、貴重金屬的商店推銷員……五是有權勢的人物，包括議員，縣、市、鎮、村長，公司董事，政府官員；六是知識份子團體，包括作家、教授、老師、學者、記者、醫生；七是其他方面人員，包括警官、郵差、理髮店。此外，新聞媒體特別是重要傳播媒體機構地方新聞版和專業傳播媒體機構上刊登的廣告和招聘欄以及有關新建或改建房屋、遷移、新企業、升級、人事任免、事故、火災等消息，也都會成為很有用的情報。總之，責任區內一切事物的資訊，他們都要加以注意。

豐田公司推銷員對有意購買汽車的人，要徹底調查，項目包括：有權決定購買汽車的人，有關人員人品、興趣、畢業學校、工作單位、職別和職位、行業、經營內容、使用車輛。如果顧客有其他公司汽車時，必須把經銷條件（減價金額、免費的附件、回收車的折舊率、按月分期付款條件）、商品優越點、評價、推銷重點、推銷員動態，以及對個人的評價、中古車的處理（庫存情況、出售價格）這些調查項目，在和顧客的談話中很自然的把它探聽出來。這就難怪東京豐田經銷店的經理松薄正隆說：「豐田汽車是靠情報賣出去的。」

由此可以看出，日本的產品在全世界之所以如此受歡迎，除了其品質穩定和性能優越以外，有很大一部分是得益於其全面而詳細的情報收集工作。這種用間謀略對企業行銷所帶來的益處，對人們掌握市場特別是汽車推銷商，有很好的借鑑意義。

孫子
兵法
THE ART OF WAR

第七章：團結合作的企業文化

孫子在《孫子兵法》中提出「上下同欲者勝」，在〈始計〉篇又說到：「道者，令民與上同意，可與之死，可與之生，而不畏危也。」說明孫子非常重視軍心向背對戰爭的影響。在現代商戰中，人們一般都把團隊精神和團隊作戰能力視為企業發展的支柱。如何保證「上下同欲」，這是企業家要研究的主要謀略。

主孰有道？

【語譯】

哪一方君主政治清明？

【原文釋評】

孫子在《孫子兵法》中，把「主孰有道」列在「七情」的第一位。由此可見，孫子認為雙方君主或統治者，哪個政治更清明，哪個君主更可以得到幫助。在現代企業管理中，一個企業的文化更是激勵員工贏得商戰的有效機制。

【經典案例】

企業文化作為一股管理新潮，它的產生與近二十年來美國經濟的持續衰退和日本經濟的迅速起飛有直接的關係。從二十世紀五〇年代開始，美國經濟受到日本和西歐的挑戰，其絕對優勢地位開始下降，特別是近二十年來，美國企業在與日本企業的競爭中不斷失敗，日本取代美國成為世界汽車生產的頭號強國，作為美國工業基礎的鋼鐵工業和某些高科技產品的優勢地位也逐漸被日本人奪走。面對日本旋風般的猛烈襲擊，美國朝野驚慌失措，尼克森總統哀嘆：「美國遇到我們甚至連做夢都想不到的挑戰。」許多沉醉於「美國世界第一」的美國人也不得不冷靜下來思考：為什麼第二次世界大戰後經濟上瀕臨崩潰並且技術屬於三流的日本，在短短的二十多年就實現經濟起飛？日本經濟成功的奧秘在哪裡？美國能否仿效日本的做法？反思的結果只有一個：美國想要走出困境，必須立足本土，取他人之長，補自己之短，此外別無良策。

二十世紀八〇年代初，美國人驚喜的發現日本和美國企業管理的差異點不在於管理方法和手段上，而在過去一致認為是相同的管理因素上，美國企業管理因素以理性主義而著稱於世，過於強調技術、設備、方法、規章、組織結構、財務分析等因素；日本企業經營管理的傳統模式，具有鮮明的非理性主義色彩，即比較注重目標、信念、價值觀、文化這類主觀因素。它重視人性和人力資源，把員工當作「社會人」、「決策人」甚至是「自動人」，最大限度的發揮員工的潛力，發揮他們的積極性、主動性、創造性。近年來，美國的管理學界和企業逐步認識到，把員工當作純粹的生產要素，當作會講話的機器，當作「經濟人」看待，會損害員工的感情，不利於企業長久發展。因而，美國企業界正在加強組織的人情味，力圖把組織設計得更符合人性和人情。

事實上，企業文化的人情與人性，正是孫子所謂的「主孰有道」，誰更可以讓員工從感情上親近企業，誰更可以讓企業產生強大的凝聚力，誰更可以在現代市場競爭中站穩腳步。

賞罰孰明？

【語譯】

哪一方賞罰公正嚴明？

【原文釋評】

孫子指出，管理軍隊要重視賞罰的公正性。管理企業也是一樣的道理，優待員工是不會吃虧的，這一點每個老闆都應該有所認識。

隨著福特汽車公司流水裝配線的誕生和T型車的暢銷，亨利・福特在產業開發上步入輝煌。然而，福特公司在這樣激動人心的年代裡也存在巨大的陰影，就是資本主義企業都感到棘手的勞工問題。勞資關係如果處理不好，任何繁榮和輝煌只是曇花一現。

【經典案例】

福特汽車公司裝配流水線的工人每天工作九小時，一九一三年每日最高薪資是二・三四美元。這個薪資在當時美國汽車行業中還說得過去，既不高也不低。關鍵問題在於：嚴密的編制和高速的裝配流水線使工人難以應付，往往造成每天一〇％的曠職率，只好雇用大量臨時工頂替。僅一九一三年，雇用的臨時工人數目是員工的四倍。

此時的福特汽車公司對勞資關係掉以輕心，對裝配流水線真正的主體──兩百多人的情緒和處境認識不夠，而是把賺到的錢全部投資於擴大再生產，投資於機械設備的更新。工人們對夜以繼日的高強度工作制度非常不滿，已經到了忍無可忍的地步。

埋頭於擴大生產事業的亨利．福特對這樣嚴重的問題毫無察覺，整日陶醉於不斷攀升的汽車數量，但是福特的獨生子埃德索爾敏銳的發現這個重大問題。

T型車問世時，埃德索爾十四歲。大學畢業以後，埃德索爾作為家族唯一繼承人進入福特公司任職，致力於流水裝配線的研究。他不僅對研究部門的技術開發得心應手，興趣濃厚，同時對經營管理的藝術也十分留意。

一九一四年一月六日，亨利．福特與埃德索爾在工廠區隨意漫步巡視。路上碰到的所有工人都帶著禮貌和敬意向這一對父子問好，福特心情很好。

可是巡視完工廠之後，埃德索爾憂心忡忡的問父親：

「爸爸，我發現員工們看你的眼神似乎不太對勁，您注意到了嗎？」

福特經兒子一提醒，也突然有所發覺，雖然覺得奇怪，但是不明白為什麼。經由與兒子交談，他承認自己近來與員工溝通和交流減少了。

埃德索爾告訴父親，他從員工們的眼神中發現一種不滿的情緒，雖然不是很強烈，但是發展下去，前景堪憂。T型車越暢銷，生產規模越大，員工們的情緒反而低落，他們對現行工作條件有所不滿。

議。

兒子的感覺和發現確實使老亨利大吃一驚，這位向來崇尚實做的老人，第二天召開公司主管緊急會

會議上，福特首先把矛頭指向公司的生產主管蘇倫森。此人在工作能力、工作態度、技術水準方面無可挑剔，深得福特讚賞。他是一個工作狂，白天做事從來不休息，每天還要開夜車，他主張一星期工作六十小時。他生性喜歡吹毛求疵，看不起水準比他低的人，經常不問員工的想法，命令他們加班，工人叫苦連天。

福特問蘇倫森：

「現在工人的平均每日薪資是多少？」

「兩美元。」蘇倫森不假思索的回答。

「太少了，蘇倫森先生，加到五美元。」福特堅定的說。

公司的主管都不同意給工人加薪，擔心引起全美國企業的憤怒。

福特向來從善如流，可以聽取各種不同的意見，但是這次卻產生反抗心理，突然宣布：

「請不要再說了，我已經決定，從明天開始，福特汽車公司的工人每天最低薪資升為五美元。」這個在美國產業史上革命性的決定就這樣產生。

所有的主管目瞪口呆，有些懷疑福特說錯了，有些懷疑自己聽錯了，不相信的又問了一遍。

福特平靜的說：「就是五美元。」

福特的這個決定，全美國的任何一個人都沒有想到。該工會雖然主張給工人加薪，但增加到五美元卻是想都不敢想的。可見，福特用五美元薪資制解決勞資問題，確實比世界工會聯合會的設想還要激進，在

美國產業史上寫下歷史性的第一頁。

福特汽車公司自創辦以來，口碑良好。它付出的薪資高於其他公司，還先後為工人開設醫院、食堂、商店，為員工眷屬開辦一所中等專業學校，但是這些都比不上「五美元革命」的風暴。

在福特汽車公司舉行的記者招待會上，福特向遠道而來的記者說：

「公司出於勞資雙方的共同利益，秉持利潤共用的原則，決定將工人的薪資提高百分之百，實行一個工作日五美元。任何合格的福特工廠工人，最低職位，即使是車間清潔工，也不例外。公司還將實行八小時工作制，廢除過去的九小時工作，並設立職位調換部監督其職位調換，以保障他們找到適合的職位。公司保證員工一年的職業，在生產淡季也不隨意解雇工人。廠內主管如果隨意解雇普通工人，將要受到工人上訴權的制約。」

福特的助手柯恩斯隨即以一種政治家的口吻宣稱：

「這些措施是福特公司在工人薪資方面，實行的一項工業界迄今為止未曾有過的最偉大的革命。」

福特最後說：

「本公司宣導的這項改良，將是工業新秩序的起點。本公司寧願有兩萬名富裕而滿足的工人，也不願意出現一小撮新的工業貴族。本公司在實行五美元工作制的同時，將招收四百名新工人。」

亨利‧福特的宣言，引起全美各界暴風雨般的迴響。

許多報刊當即發表文章，高度評價福特的這個創舉。認為五美元制是劃時代的利益分享政策，這項政策的受益者包括全體員工。福特的八小時工作制也是保護勞工的一大創舉，這是美國勞工史上的大革命，這陣革命的風暴勢必為歐洲帶來很大的影響。

但是反對福特的輿論也甚囂塵上。《華爾街經濟日報》攻擊福特是一個發神經的「鄉巴佬」，五美元制簡直是想毀掉資本主義制度。一個清潔工一天賺二·三四美元已經夠多了，現在竟然升到五美元，實在令人難以容忍，這簡直是「經濟犯罪」。

美國的企業家們對福特此舉表示集體的憤怒、憂慮、攻擊，他們擔心福特革新計畫會與社會主義「同流合汙」。

美國的社會主義者卻組織聲勢浩大的集會，反對福特。他們攻擊福特的措施實際上是一種資本家的欺騙性伎倆，目的不是為了勞工好，而是為了避免罷工以獲取更大的利潤，福特的行為是卑鄙下流的。

還有人斷言，福特計畫是真正的烏托邦幻想，從它誕生起就代表必然的失敗。

「五美元革命」不僅引起社會轟動，而且也引發美國的人口遷徙。福特計畫發布的第二天，公司大門被成千上萬的求職者圍得水洩不通，他們一邊動手猛烈敲擊工廠緊閉的鐵門，一邊發瘋似的大叫：「五美元！五美元！」

那一年的一月十七日，來自全國各地的職員、工人、農民求職者高達一萬兩千人，聚集在福特公司周圍，場面混亂，致使福特工廠上班的正式員工無法通過，最後員警不得不用高壓水柱驅散他們。

福特計畫贏得一大批普通群眾的擁戴，他們把福特當成「美國英雄」。

凡治眾如治寡，分數是也

【語譯】

通常而言，管理大部隊如同管理小部隊一樣，這屬於軍隊的組織編制問題。

【原文釋評】

孫子認為，管理大部隊如同管理小部隊，是因為有健全的組織編制。現代社會治理一個企業，如果等級太森嚴，也不容易發揮員工的主動性。

【經典案例】

美國精確鑄模公司位於克里夫蘭市，是一個具有悠久歷史傳統的大型公司。在相當長的一段時間內，公司領導者始終信奉權威式的集中管理思想，認為公司的一切應該交給少數優秀的管理人員全權處理，員工應該像軍人一樣嚴格聽從管理。

結果，員工完全被排斥在公司決策之外，他們沒有提出意見的機會，即使有時候員工提供意見，也得不到應該有的重視，最終是員工對生產毫無興趣，工作效率不斷下降。更嚴重的是，員工正式或非正式罷工事件層出不窮，缺勤率高達八%以上，公司產品品質不斷下降，產品因為品質問題的退貨率竟然高達四十五%，公司營業狀況每況愈下，入不敷出。

在這種危急的形勢下，公司領導者不得不改弦易轍，設法改革原有的管理制度。經過不斷的徵求意見和討論之後，公司明確「透過發動全體員工積極參與管理來改進工作」的指導思想，並針對全體員工制定新的管理制度：

印發員工手冊。公司領導向全體員工印發一本簡明易懂的員工手冊，有條理的講解公司的各項政策和措施，以及公司對員工的期望，藉以加強彼此之間的溝通和瞭解。

出版公司內部刊物《管理潮》。《管理潮》是公司主管和員工之間互相交流意見的有效管道。公司領導者的新精神和新作風和員工的各種批評和建議，都可以在這個刊物上得到反映。

從公司內部選拔高級管理人員。以前公司一般是從公司外聘用高級管理人員，新制度明確規定，公司高級管理人員一般應該從公司內部表現傑出或年輕力強的員工中提拔。

實行初級董事會制度。精確鑄模公司按照生產線成立七個初級董事會，其成員來自於各生產線上的管理人員和普通工人，由員工自己選舉產生，任期為一年。每個初級董事會都享有相當大的自主權，直接負責本生產線的生產、管理、銷售三個方面的具體任務，它除了向公司提出建議以外，還有權調查公司的生產任務和文件資料。初級董事會在財務上也相對的自成體系，各初級董事會除了按規定交納稅金以外，利潤的七〇%上交公司，其餘三〇%則可自由支配使用。這種制度不僅為公司培養管理人員，也有利於公司員工充分發揮其積極性和創造性。

成立工業工程部。新成立的工業工程部是一個富有朝氣的部門，該部門除了負責工程方面的改進工作之外，還經常派人到各生產線去視察各項作業的進展狀況，虛心聽取工人的意見，力求公司內部各部門之間的橫向聯繫和統一協調。

建立公司與員工家庭之間的通信制度。當公司領導者決定採取一項重要措施時，都要向員工家庭發出信件，目的是使員工及其家庭能更深入的瞭解這項措施的主要內容及其意義。

實行員工建議制度。公司專門成立建議辦公室和建議審查小組，任務是處理員工提出的建議，決定獎金數目，公布建議被採納的情況。對建議無論採納與否，都抱持歡迎態度。對被採納的建議，一般按建議被採納最初兩年收益的一定百分比給予獎勵；對未被採納的建議，則用口頭或書面形式向建議人說明，如果提議人認為建議可行，可以進一步提出理由，必要時透過共同試驗的方法確定建議的價值。

建立「抱怨」登記制度。以往公司的申訴案件不勝枚舉，其中大多數都是由於管理人員對勞資協議不瞭解而產生。為了妥善的解決這些問題，公司建立「抱怨」登記制度，使許多「抱怨」事件在演變成費時費錢的申訴案件之前就可以得到合理的解決。

按月召開「員工參與管理會議」。代表按照下列方法產生：經由抽籤方式抽出初選人員，然後再由總經理和高級主管從中任意挑選二十名參加會議。公司規定，每年每月參加會議的人員不得重複，因此公司每個員工都擁有平等的機會，當面向高級主管暢談自己對公司工作的各種意見。

試行「個人申報制度」。所謂「個人申報制度」，就是用一定的方式把員工自己對工作職務的希望和對工作地點的希望等向人事部門申報的制度。人事部門主管接到員工的申報後，結合員工直屬主管的適應性調查報告，對員工的工作進行合理安排，盡量滿足其志向和興趣，發揮其專長。

這十項新的制度極大的激發員工們的自主性，員工積極的為公司出謀劃策。很快的，制度的改革有成效，精確鑄模公司經營效益得到大幅度的提升，不能不說是健全組織編制所帶來的巨大變化。

將能而君不御者勝

【語譯】

將帥有才能而國君不加掣肘，可以獲得勝利。

【原文釋評】

孫子在〈謀攻〉篇中指出，上級不能壓制下級的創造性，才可以取得戰爭的勝利。在企業管理中，要保持團隊的戰鬥力，領導者就必須多接納員工的有益建議。

【經典案例】

奇異公司的前身是美國愛迪生電氣公司，創立於一八七八年。經過一百多年的努力，現在已經發展成世界最大的電氣設備製造公司。生產的產品種類繁多，除了一般的電氣產品，例如：家電和X光機，還生產電站設備、核子反應爐、太空設備、導彈。但是到了一九八〇年，這個巨大的公司卻到了山窮水盡，難以維持的境地。就在這個時候，年僅四十四歲，出生於一個火車司機家庭的傑克・威爾許走馬上任，擔任這個「龐然大物」的董事長和總裁職務。

威爾許上任後進行許多改革，其中最重要的一項就是，宣布奇異公司是一家「沒有界限的公司」，指出：「毫無保留的發表意見」是奇異企業文化的重要內容。

一九八六年，一位年輕工人向分公司經理大聲說：「我想知道我們那裡什麼時候才可以有『管理』！」威爾許聽說之後，不僅不允許處分這個年輕人，還親自調查。幾星期之後，分公司的領導階層被撤換。

在奇異公司裡，每年約有二萬到二・五萬員工參加「大家出主意」會，時間不定，每次五十至一百五十人，要求主持者要善於引導大家坦率的陳述自己的意見，及時找到生產上的問題，改進管理，提高產品和工作品質。員工如此，公司的各級領導也在這個精神的指導下，更加注意集思廣益。每年一月，公司的五百名高級主管在佛羅里達州聚會兩天半。十月，一百名主要幹部又開會兩天半，最後三十～四十名核心主管每季開會兩天半，集中研究下層的反映，做出準確及時的決策。

當基層開「大家出主意」會時，各級主管都要盡可能參加。威爾許帶頭示範，他經常只是專心的聽，並不發言。進行「大家出主意」活動，給公司帶來生氣，取得很大成果，例如：在某次「出主意」的會上，有一個員工提出，在建設電冰箱新廠時，可以借用公司的哥倫比亞廠的機器設備。哥倫比亞廠是生產供空調使用的壓縮機的工廠，與電冰箱生產正好符合，如此「轉移使用」，節省一大筆開支。這樣生產的壓縮機，將是世界上成本最低的和品質最高的。

進行「出主意」活動，除了在經濟上帶來巨大收益之外，更重要的是使員工感到自己的力量和精神改變。經過威爾許的努力，公司從一九八五年開始，員工減少十一萬人，利潤和營業額卻都成長一倍。一九八八年，它在世界最強大的公司中排名第十，在美國排名第五。一九八九年，它上升為世界第七，營業額高達五五二・六四億美元，利潤三十九・三九億美元。

無獨有偶，柯達公司也曾經發生一件事情：一名普通工人寫了一封建議書給董事長喬治・伊士曼，內容簡單得令人吃驚，只是呼籲生產部門「將玻璃擦乾淨」。雖然微不足道，然而伊士曼卻認為這是員工積極性的表現，立即公開表揚，發給獎金，並由此建立「柯達建議制度」。

迄今，該公司員工已經提出兩百萬餘項建議，被公司採納的有六十萬餘項。該公司員工因為提出建議而得到的獎金每年總計都在一百五十萬美元以上，柯達公司從中受益的又何止千萬美元。

企業最大的財富是員工的聰明才智，企業領導人應該鼓勵每個員工積極的提出改進工作的建議，必須使他們知道，他們的建議將會得到認真的研究，並且也真正這樣做。如果可以像柯達公司一樣在企業中建立良好的建議制度，所提建議可以給企業帶來效益的給予重獎，必然會促進企業的全體員工同心協力，使員工對自己的工作發生興趣，對自己的工作考慮得更多，總是設法改進自己的工作，這是領導者激發人們聰明才智的有效方式。

故校之以計，而索其情

【語譯】

所以要透過雙方的各種情況來比較討論，以求得對戰爭形勢的認識。

【原文釋評】

孫子認為，戰鬥之前一定要對敵我雙方的情況深入瞭解，加以比較和討論才可以制定決策。商戰中，任何正確的決策也都應該集思廣益，同樣要在討論之後做出決策，一方面可以集眾人之智慧選擇最好的決策，一方面更容易凝聚團隊。誠如《孫子兵法》所言：「多算勝，少算不勝，而況於無算乎？」

團隊成員之間的密切團結和溝通，不僅可以減少成員之間的矛盾和衝突，促進成員之間相互瞭解、相互幫助、相互交流，使各成員的力量最大化，以實現團隊的整體目標，而且可以實現團隊成員之間智力資源分享，促進知識創新。

【經典案例】

英特爾這個一九六八年成立的公司，在二十世紀八〇年代就名揚天下，很大程度上得益於其團結、有效溝通的團隊精神。

當初由葛洛夫、摩爾、諾宜斯三名年輕人共同創辦的英特爾公司一直保持團隊合作的精神，並且以此作為公司成功之圭臬。英特爾是矽谷半導體公司中最早和最持久進行團隊建設的公司，這也使得它可以在潮起潮落的全球電腦市場中始終堅如磐石。

英特爾的工程師隊伍中，華裔佔有相當大的比例。為了留住這些人才，並且進一步激發他們的創造力與熱情，英特爾幾次借用當地或其他城市的中國餐館舉辦華裔工程師懇談會，並且從一九八四年二月開始，每年舉辦「與中國人同度春節」的「英特爾公司中國新年慶祝酒會」，公司總裁葛洛夫等公司高級領導屆時也親自參加，另有一百多名非華裔員工自費參加，氣氛異常融洽。同時，英特爾成立「多重文化整合會」，對象從華人擴大至日本人和猶太人，定期舉辦各種活動，促進公司不同文化背景的員工相互理解和尊重。

英特爾的「會議哲學」與它的「文化哲學」一樣獨特。英特爾將會議分為「激盪型會議」與「程序型會議」兩種，前者的主要目的是集思廣益，憑藉大家的腦力激盪得出最佳方案。英特爾有一句名言：「決策總在討論之後。」與會者不分等級職務，暢所欲言，包括尖銳的詰難與疑慮，都會得到領導者的高度重視。

後來，這種「激盪型會議」形成的開放性風氣被英特爾推廣到企業的內部管理上，這就是英特爾的「建設性對立」管理，鼓勵員工與主管、員工與員工、主管與主管之間做到一方直言不諱，一方廣納眾議，防止「一言堂」出現。英特爾的團隊以輕鬆和開放著稱，但是在講究紀律的嚴明性方面毫不含糊。以上班簽到為例，遲到超過五分鐘的人，都要簽「遲到簿」，並且公布出來。

有一次，總裁葛洛夫因為急事耽擱而遲到，同樣在「遲到簿」上留下大名，但是他還在旁邊風趣的寫了一行字：「看來這個世界上沒有完人。」

故殺敵者，怒也

【語譯】

要使士卒勇敢殺敵，就要激起他們對敵人的仇恨。

【原文釋評】

「怒兵殺敵」是孫子在《孫子兵法》中提出的重要作戰動員原則。孫子認為，在進行戰爭時，如果戰鬥者缺乏士氣，沒有激情，這個軍隊是沒有戰鬥力的。事實上，這個道理對於現代企業團隊精神也是非常適用。一個團隊如果沒有士氣，缺乏激情，這個團隊的戰鬥力也會大大削弱。

激情對團隊來說是一把無形的利劍，是感染力，是將產品和價值觀從一種純粹的物質和精神的生硬狀態賦上情緒和魂魄，使之柔化而讓人樂意觸摸和感受。激情不是矯揉造作，而是發自內心表現於外的執著和熱愛。激情決定態度，進而影響做事的方式，並影響團隊成員和顧客的熱情。激情可以激發學習的熱忱和創造力，也是創新的原動力。

激情來自於發現新鮮。為什麼新的團隊成員會飽含激情，為什麼許多老的銷售人員沒有激情？由於新鮮而激發發現的熱忱，由於沒有發現新鮮的動力，而使職業成為單純的謀生手段。

激情來自於願景。沒有夢想不會有激情，沒有願景也不會有全力以赴的動力。願景有組織願景和個人願景，組織願景是透過描述組織的發展藍圖，實現組織成員意識形態的一致。個人願景是員工對自身職業發展的規劃。對於個人願景，企業人力資源部門要認知、規劃和引導。對於組織願景，絕對不只是一個企業的發展口號，也不是讓員工趨之若鶩的手段，應該是切實和具體的目標和規劃，與員工的成就和價值回報相聯繫，與員工的個人願景相關聯，使員工能找到與其個人願景的契合點，進而獲得真正的心理歸屬感。

激情管理是企業應該重視的課題。所謂激情管理，就是企業加強對員工行為態度的研究，發現使激情褪色的原因，以及採取相應的措施維繫員工激情。另一方面，也應該培養員工積極的工作觀和行為態度，實現員工的自我激情管理。激情的毀滅來自於漠視和挫折感，與企業的距離無法拉近是漠視，沒有關懷和等不到問題解決的回饋是漠視，在銷售的過程中遭受冷遇是挫折感，試圖尋找突破的途徑，但是創新的結果不盡如人意是挫折感，聽不到認同和肯定的聲音是挫折感，願景未能達到也是挫折感。

為了維繫員工激情，企業可以採取的方式包括鼓勵創新，不讓員工背上懼怕失敗的心理包袱；長期目標和短期目標結合；必要的壓力激發持續的進取；建立良性競爭的平台，並且從情感上重視和尊重企業這個家庭成員的聲音，給予關懷和肯定；透過持續的激勵促進員工的工作熱忱。此外，相關的培訓也是必要的手段，透過培訓，一則提升態度和技能，滿足員工對知識的渴求，二則透過培訓加強員工自信心和溝通能力，使員工有正確處理挫折的態度和方法，並培養員工堅韌的毅力和正確的工作觀。

激情更來自於自我挑戰。作為銷售人員，也要進行自我激情管理，應該糾正怨天尤人和推諉等待的不正確態度，在銷售中尋找樂趣，透過知識的豐富累積，在與顧客的交流和對話中尋求突破。

「言不相聞，故為金鼓；視不相見，故為旌旗。」夫金鼓旌旗者，所以一人之耳目也。人既專一，則勇者不得獨進，怯者不得獨退，此用眾之法也。故夜戰多火鼓，晝戰多旌旗，所以變人之耳目也。

【語譯】

「用語言指揮聽不到，所以使用金鼓；用動作指揮看不清，所以使用旌旗。」金鼓旌旗都是用來統一軍隊作戰行動。軍隊行動既然統一，勇敢的將士就不得單獨前進，怯懦的將士也不得單獨後退，這就是指揮人數眾多的軍隊的方法。所以夜間作戰要多使用火光和鼓聲，白天作戰要多使用旌旗，之所以變換這些信號，都是為了適應士卒的視聽能力。

【原文釋評】

「用眾之法」謀略在日常生活中的運用十分普遍，其基本點在於團結與合作。企業經營者也經常運用這一點採取聯合行動，謀取自己的經濟利益。

【經典案例】

一八六三年，瑞典科學家諾貝爾取得硝化甘油的專利權，此後開辦許多生產炸藥的工廠。到一八七〇年，在歐洲許多國家都建立由諾貝爾控制的炸藥工廠和公司。

創業之初，諾貝爾陸續在各國建立工廠，這些工廠雖然受他控制，但是在經營和行政方面是單獨實體，各自擁有自己的市場和經營計畫，導致意志與行動的不統一。同時，這個時期傳統的黑色炸藥仍然擁有很大市場，生產黑色炸藥的工廠們為了奪回被甘油炸藥佔據的市場，在各個地區也和諾貝爾公司展開激烈爭奪。諾貝爾下屬的這些公司在面臨外部激烈爭奪時，仍然各自為政，有時候還彼此進行內鬥，導致兩敗俱傷，使黑色炸藥的生產工廠趁機從中漁利，給諾貝爾繼續擴大生產帶來巨大阻礙。鑑於這種情況，諾貝爾決定建立一個世界規模的機構，使各公司形成統一的力量，以便在和黑色炸藥的爭奪中一致對外而統一行動。

雖然諾貝爾在歐洲和南美許多地區已經建立一些工廠和公司，並且佔領這些地區的大部分市場，但是發展潛力不大，必須有一個穩定而廣闊的中心市場，確保在可能出現的各種情況下立於不敗之地。這個中心市場，他選定在法國。當時的法國正值普法戰爭戰敗後不久，但是仍然擁有歐洲國家中較龐大的軍隊與工業集團，尤其是鐵路和礦產兩個行業對炸藥有很大的需求。當時，黑色炸藥一直壟斷法國的炸藥市場，硝化甘油被禁止生產，法國這個有巨大潛力和廣闊前景的市場暫時還是諾貝爾無法涉足的禁地。

在助手們的幫助下，諾貝爾採取首先在法國周邊國家發展生產的策略。他先後在西班牙、義大利、瑞士、葡萄牙等國建立甘油炸藥工廠，使這些國家的市場逐漸被他的工廠所佔領，並對所在國的工業發展和礦場開採產生重要影響，深受各國政府的重視。無形之中，這些國家的工廠連成一個包圍圈，法國就在這個包圍圈的中心。透過各種積極的努力，加上甘油炸藥確實擁有黑色炸藥無法比擬的優越性，法國政府終於允許甘油炸藥在法國生產，法國也迅速成為最大的甘油炸藥消費國。不久之後，諾貝爾又用企業協調發展和一致對外的方法，使甘油炸藥先後擠進英國和德國這兩個工業大國。

一八八七年，即諾貝爾取得專利不到二十五年時，他建立達那炸藥總公司。除了俄國和瑞典之外，歐洲的大部分國家都在這個範圍之內，也使他的炸藥王國事實上控制全球。所有這些，與諾貝爾善於運用「用眾之法」謀略進行協調和統一是分不開的。

運用「用眾之法」謀略，要掌握時機，才可以有效的激勵士氣，形成力量。

施瓦布是美國著名企業家，屬下一個工廠的工人總是無法完成工作。為此，他換了好幾任廠長都無濟於事，就決定親自處理這件事情。有一天，他來到廠長辦公室問廠長：「像你這麼有能力的人，為什麼也不能把工廠管好？」廠長回答：「我不知道。我勸說工人們，罵過他們，還以開除威脅，但是都沒有用。」於是，施瓦布要求去工廠察看。這個時候，正值日夜班工人交接。

施瓦布得知日班工人今天總共煉了六爐鋼，就在黑板上寫了一個「六」字就回去。夜班工人上班的時候，看到黑板上出現一個「六」字，十分好奇，急忙問門衛是什麼意思？

「施瓦布先生今天來過這裡。」門衛說：「他問日班工人煉了多少爐，知道是六爐後，就在黑板上寫了這個數字。」

第二天早晨，施瓦布又來到工廠，特地看了黑板，夜班工人把「六」換成「七」。他什麼也沒有說，十分滿意的離開。

日班工人早晨上班的時候，都看到「七」。一位激動的工人大聲叫：「意思是說夜班工人比我們強，我們一定要加倍努力，齊心協力的超過他們！」

當這些日班工人晚上交班時，黑板上出現一個巨大的「十」字！

上下同欲者勝

【語譯】

全軍上下意願一致的就可以勝利。

【原文釋評】

企業中的領導者或員工如果自以為是，不能和自己的下屬或同事同欲同求，這樣的團隊必然會面臨分崩離析的危險。我們強調「上下同欲」並不代表要壓制團隊成員的創造性，而是一個團隊中的員工一定要重視和同事之間的協調關係和合作關係，凡事要以大局為重，須知「獨木不成林，獨花不是春」的道理。

【經典案例】

一家有影響的公司招聘高層管理人員，九名優秀面試者經過初試，從上百人中脫穎而出，進入由公司總經理親自把關的複試。

總經理看過九個人詳細的資料和初試成績之後相當滿意，而且此次招聘只能錄取三個人，所以總經理給大家出了最後一道題目。

總經理把九個人隨機分成甲、乙、丙三組，指定甲組的三個人調查嬰兒用品市場，乙組的三個人調查婦女用品市場，丙組的三個人調查老年人用品市場。總經理解釋：「我們錄取的人是用來開發市場的，所以你們必須對市場有敏銳的觀察力。讓大家調查這些行業，是想看看大家對一個新行業的適應能力，每個小組的成員務必全力以赴！」臨走的時候，總經理又說：「為了避免大家盲目進行調查，我已經叫秘書準備一份相關行業的資料，走的時候自己到秘書那裡去拿！」

兩天後，九個人都把自己的市場分析報告送到總經理那裡。總經理看完之後，站起身來，走向丙組的三個人，分別與之一一握手，並且祝賀：「恭喜三位，你們已經被本公司錄取了！」然後，總經理看見大家疑惑的表情，呵呵一笑，說：「請大家打開我叫秘書給你們的資料，互相看看。」原來，每個人得到的資料都不一樣，甲組的三個人得到的是嬰兒用品市場過去、現在、將來的分析，其他兩組的也類似。

總經理說：「丙組的三個人很聰明，互相借用對方的資料，補全自己的分析報告。甲乙兩組的六個人卻分別行事，拋開隊友，自己做自己的。我出這樣一個題目，其實最主要的目的，是想看看大家的團隊合作意識。甲乙兩組失敗的原因在於，他們沒有合作，忽視隊友的存在！要知道，團隊合作精神才是現代企業成功的保障！」

在專業化分工越來越細、競爭日益激烈的今天，靠一個人的力量無法面對千頭萬緒的工作。一個人可以憑著自己的能力取得一定的成就，但是如果把你的能力與別人的能力結合，就會取得令人意想不到的成就。一個哲人曾經說：「你手上有一個蘋果，我手上也有一個蘋果，兩個蘋果加起來還是蘋果。**如果你有一種能力，我也有一種能力，兩種能力加起來就不再是一種能力。**」

一個人是否具有團隊合作的精神，將直接關係到他的工作業績。作為一個工作中的個體，只有把自己融入到整個團隊之中，憑藉整個團體的力量，才可以解決自己無法完成的問題。當你來到一個新的部門，你的主管很可能會分配給你一個你難以獨立完成的工作。主管這樣做的目的就是要考察你的合作精神，他要知道的僅僅是你是否善於合作，勤於溝通。如果你不發一語，一個人費力的摸索，最後的結果很可能是死路一條。明智而且可以獲得成功的捷徑，就是充分利用團隊的力量。一位專家指出：現代年輕人在職場中普遍表現出的自負和自傲，使他們在融洽工作環境方面顯得緩慢和困難。他們缺乏團隊合作精神，工作都是自己做，不願意和同事一起想辦法，每個人都會做出不同的結果，最後對公司一點用也沒有。

事實上，一個人的成功不是真正的成功，團隊的成功才是最大的成功。對每個員工來說，謙虛、自信、誠信、善於溝通、團隊精神的傳統美德是非常重要的。團隊精神在一個公司和一個人的事業發展中，都是不容忽視的。

怎樣加強與同事之間的合作，提高自己的團隊合作精神？

同在一個辦公室工作，你與同事之間會存在某些差別。知識、能力、經歷造成你們在對待和處理工作時，會產生不同的想法。交流是協調的開始，把自己的想法說出來，聽聽對方的想法，你要經常說一句話：「你看這件事情怎麼辦，我想聽聽你的想法。」

即使你各方面都很優秀，即使你認為自己以一個人的力量就可以解決眼前的工作，也不要顯得太張狂，以後你不一定可以完成一切。

培養自己的創造能力，不要安於現狀，嘗試發掘自己的潛力。一個有不凡表現的人，除了可以保持與人合作以外，還需要所有人樂意與你合作。

請把你的同事和夥伴當成你的朋友，坦然接受他的批評。

在同一個辦公室裡，同事之間有密切的聯繫，誰都不能單獨的生存，誰也無法脫離群體。依靠群體的力量，做適合的工作而又成功者，不僅是自己個人的成功，同時也是整個團隊的成功。相反的，明知自己沒有獨立完成的能力，卻被個人欲望或感情所驅使，去做一個根本無法勝任的工作，失敗的機率也會更大。而且還不僅是你一個人的失敗，同時也會影響周圍的人，進而影響整個公司。

一個團隊對一個人的影響十分巨大。善於合作，有優秀團隊意識的人，整個團隊也可以帶給他無窮的收益。一個人想要在工作中快速成長，就必須依靠團隊的力量來提升自己。

孫子指出，管理軍隊要重視賞罰的公正性。管理企業也是一樣的道理，優待員工是不會吃虧的，這一點每個老闆都應該有所認識。

孫子兵法 THE ART OF WAR

第八章：企業形象的競爭優勢

單純的廣告宣傳只能讓顧客注意到產品的存在，但是一個好的宣傳方案卻可以讓顧客的眼睛一亮，永生不忘。所以企業家必須在宣傳上下功夫，運用行之有效的宣傳手段。孫子曰：「奇正相生，如循環之無端，孰能窮之哉？」廣告與品質正是商戰中的奇與正，因此不能不重視。

取敵之利者，貨也

【語譯】

想要奪取敵人的軍需物資，就必須借助物質獎勵。

【原文釋評】

企業的知名度是企業最寶貴的財富，為了塑造宣傳企業形象，應該敢於投入鉅資。有投入就有產出，這是一種企業家的形象謀略。

我們知道，名牌是在擊敗競爭對手的過程中建立的，它必須給消費者帶來價值。以吉列刮鬍刀公司為例，該公司每年要發明二十種新產品，五年中的銷售額有四〇%來自新產品。吉列公司奉行的另一個原則是：定價不要過高。為了使它的名牌產品可以為消費者帶來價值，吉列公司採取價格和消費品指數結合的做法。

這家公司每天找尋一些價格在十美分到一美元之間的日常消費品的價格，其中包括報紙、棒棒糖、可口可樂，使自己的刀片漲價的幅度永遠不超過這些日常消費品的漲幅。該公司認為，消費者有相對價值意識，如果一些產品的價格漲得過高的時候，他們會覺得自己受騙上當。

【經典案例】

在二十世紀八〇年代和九〇年代初期，寶鹼公司的一些名牌產品受到一些不出名的產品的挑戰。當時，該公司由於機構變得過於龐大，價格定得過高，技術水準下降，只能靠不停的促銷來維持。後來，寶鹼公司決心進行整頓，在四年裡，該公司總共縮減十六億美元的成本，並且計畫再用四年時間把成本降低二十億美元。因此自一九九二年以來，寶鹼公司對各種名牌產品的價格進行調整，降價九％到三十三％，同時還在研製新產品方面加緊努力，一九九五年在世界各國申請一萬六千多項專利，這個數字比三年前增加一倍。

寶鹼公司成功的扳回產品名聲的做法，使得微軟公司的董事長比爾・蓋茲為之動心，出重金挖走在寶鹼公司工作二十六年的市場奇才羅伯特・赫爾伯德，請他幫助微軟公司樹立自己的形象。赫爾伯德目前在微軟公司擔任最高業務主管一職，管理多方面的事務，但是他的一個重要任務就是提高微軟公司在消費者中的知名度。

惠普公司具有創新精神的信譽，幫助它在個人電腦方面尤其是在美國的個人電腦市場上取得意外的成功，他們發現名牌產品可以幫助自己打入新的市場。在一九九五年八月推出個人電腦之前，惠普公司在美國的國內市場上進行測試活動。這些測試顯示，惠普公司電腦印表機的名聲使得人們十分信任惠普製作的個人電腦。因此，惠普公司在推出個人電腦以前，已經被認為是先進的電腦製造廠商，現在是美國國內市場上的第五大個人電腦製造商。

名牌產品不僅在推出新產品方面具有威力，在走向國際化的競爭中也對公司大有助益。以麥當勞為

例，麥當勞的單類產品廣告費用在世界上首屈一指。二〇〇四年，它在廣告和促銷方面的費用高達五十億美元。因而，當麥當勞到海外發展的時候，好處是顯而易見的。麥當勞的最高行政主管表示，每當麥當勞進入一個新的國家和社區的時候，都會在第一天創下銷售紀錄。

趨諸侯者以利

【語譯】

要用小利去引誘各國諸侯，迫使他們被動奔走。

【原文釋評】

塑造企業形象以搶佔市場的謀略手段很多，其中「借力」是比較高明的一種。「借力」的關鍵就是要利誘之，讓其為我方主動服務，幫助我方提高企業知名度，法國干邑白蘭地在這個方面就做得極為出色。

【經典案例】

白蘭地堪稱法國的國寶，其釀造歷史已經長達三百年。法國生產的白蘭地酒之中，又以干邑白蘭地最為知名。

干邑是位於法國南部的一個城鎮，這裡是法國有名的葡萄種植區，擁有近十萬公頃葡萄園。幾百年前，當地人就將葡萄釀製成白酒，儲藏到橡木酒桶中，隨後經過許多複雜精密的調配，才釀出這種金黃色的香醇美酒，人們稱之為白蘭地。因為干邑地區所生產的白蘭地最好，所以「干邑」就逐漸成為名牌白蘭地的代名詞。干邑白蘭地發展到今天，人頭馬、馬爹利、軒尼詩、百事吉都是享譽世界的國際名牌白蘭地。

在二十世紀五〇年代，法國干邑白蘭地廠商為了進一步擴大世界市場佔有率，把目光瞄準潛力很大的美國市場。這個時候，美國市場上義大利的葡萄酒已經佔據一定的優勢，如何才可以不顯露的宣傳自己，又產生像廣告一樣的轟動效應？法國廠商為此傷透腦筋，他們特地聘請一家著名的法國公關公司進行策劃和研究。

公關公司的專家們經過大量的資訊收集工作，以及對美國市場的情況進行多次實地調查之後，提出一個大膽的實施方案。

利用不久即將到來的美國艾森豪總統的六十七歲生日，在徵得本國政府的同意和支持下，向美國公開贈送兩桶白蘭地酒為總統賀壽，並且以此事進行宣傳活動。宣傳的內容和基調集中在法國和美國人民的友誼上，但是一定要突顯「禮輕情義重，酒少情意濃」這個主題。方案把開始宣傳活動的時機定在總統生日前一個月，而且針對如何廣泛利用法國和美國的新聞媒體，如何具體進行連續熱烈的宣傳等細節問題，也擬定詳盡的執行計畫。

白蘭地廠商對這個嚴密周詳和構想巧妙的廣告計畫非常滿意，並且立即付諸施行。很快的，法國政府方面答應予以全力支持，並且立刻針對此事向美國外交部門通報，很快也獲得美國方面的同意。

總統生日前一個月，一家美國報紙似乎非常不經意的披露一個從美國駐法國大使館得到的消息：法國方面將派專人向美國總統祝壽，並將隨行帶上一份堪稱國寶的禮物。報紙的報導很簡短，但是卻立刻引起轟動，民眾注目的焦點集中在這份禮物到底是什麼。隨著各家大報的記者專程赴法國採訪，這個謎底很快揭曉，原來是法國干邑白蘭地。

法國白蘭地很快成為這個月的明星，它的誕生地、歷史、製作技術、獨特神奇的美味，都在各種媒體上介紹給美國民眾，以滿足美國民眾的好奇心，立即在美國掀起「干邑白蘭地」的熱潮。充滿友誼情調的法國白蘭地簡直在美國家喻戶曉，幾乎所有的美國消費者都把它當作正宗和極品的象徵。

宣傳活動在艾森豪總統的生日那天達到高潮。在美國首都華盛頓的主要街道上，豎立巨大的彩色標語：「歡迎您！尊貴的法國客人」，「美國和法國的友誼令人心醉！」各個售報亭也整飾一新，擺放美國和法國精緻玲瓏的國旗。報亭主人精心製作的「今日各報」的看板上，一隻美國鷹和法國雞在乾杯，造型奇異而可愛。醒目的標題提示過往的人們，「總統生日，貴賓駕臨」、「美國人的心醉了」，濃濃的友誼之情感染人們。

在美國白宮周圍，已經是人山人海，世界各國的遊客們聚集在這裡。人們面帶笑容，揮動法國的國旗，翹首盼望尊貴的法國國寶白蘭地的到來。

上午十時，贈酒儀式正式開始，來自各國的賓客垂手分列在白宮的南草坪廣場上，六十七歲的艾森豪總統面帶笑容，準時出現在前簇後擁的人群中。

由專機送抵美國的兩桶窖藏六十七年的白蘭地酒，特邀法國著名藝術家精心設計酒桶造型，而六十七這個數字，正好象徵艾森豪總統的年齡。四名身著紅、白、藍三色法蘭西傳統宮廷侍衛服裝的英俊法國青年作為護送特使，正步將美酒抬入白宮。

艾森豪總統在交接儀式後，發表簡短卻熱情洋溢的致詞，他盛讚美國和法國的人民的傳統友誼，祝兩國友誼就像白蘭地一樣美味醇香！

此時的人群中，立即歡聲四起，群情沸騰，人們情不自禁的大聲唱起法國的國歌《馬賽曲》。人們似乎聞到清醇芬芳的白蘭地酒香，品嘗到法國和美國友誼佳釀的美味。

從此以後，法國白蘭地酒暢銷於美國市場，義大利葡萄酒從此一蹶不振。從國家宴會到家庭餐桌幾乎都少不了法國白蘭地，人們品味它，總會回憶起它不同凡響的來到美國的故事。

勝者之戰民也，若決積水於千仞之谿者，形也

【語譯】

勝利者指揮軍隊與敵人作戰，就像在萬丈懸崖放開山間的積水，所向披靡，這就是「形」。

【原文釋評】

孫子主張在軍事實力的基礎上，創造利用有利的態勢，使實力得到有效發揮的作戰辦法。他認為作戰的勝負，實力是基礎。但是要使實力得到充分的發揮，必須透過合理的部署，造成有利的態勢。這種態勢要險峻，如「激水之疾，至於漂石」，「勢如張弩，節如機發」。有這種態勢，軍隊可以變怯為勇，變弱為強。對於現代企業來說，「勢」的形成主要是靠廣告，尤其是用明星做廣告，其形成的「勢」更為強大。

借名人效應來宣傳企業是現今商戰的共識，特別是對一些處於經營困境的企業，效果更佳。

【經典案例】

幾年前，在美國肯塔基州的一個小鎮上，有一家格調高雅的餐廳。店老闆察覺到每星期二生意總是特

別冷清，門可羅雀。

又到了一個星期二，店裡照樣是客人寥寥無幾。店老闆閒來無事，隨便翻閱當地的電話簿。他發現當地有一名叫約翰・韋恩的人，與美國當時的大明星同名同姓，這個偶然的發現，使他的心為之一動。他立即打電話給這位約翰・韋恩說，他的名字是在電話簿中隨便選出來的，他可以免費獲得該餐廳的雙份晚餐，時間是下星期二晚上八點，歡迎他和夫人一起來。約翰・韋恩欣然應邀。

第二天，這家餐廳門口貼出一幅巨型海報，上面寫著：「歡迎約翰・韋恩下星期二光臨本餐廳」，這張海報引起當地居民的騷動和矚目。

到了星期二，客人大增，創下該餐廳有史以來的最高紀錄。尤其是那個晚上，六點鐘還不到就有人在等著被安排座位，七點鐘隊伍已經排到大門外，八點鐘店內擠得水洩不通，大家都想一睹約翰・韋恩這位巨星的風采。

過了一會兒，店裡的擴音器廣播：「各位女士，各位先生，約翰・韋恩光臨本店，讓我們一起歡迎他和他的夫人。」

霎時，餐廳裡鴉雀無聲，眾人的目光一齊投向大門口，誰知那裡竟然站著一位典型的肯塔基州老農民，身旁站著一位和他一樣不起眼的夫人，原來這位矮小的仁兄就是約翰・韋恩。

店老闆非常尷尬、惶恐、後悔，覺得這個安排太荒謬和離譜，但是就在這個時候，人們頓時明白這是怎麼回事，於是在寂靜片刻之後，突然爆發出掌聲和歡笑聲，客人們簇擁著約翰夫婦上座，並要求與他們合影留念。

從此以後，店老闆又繼續從電話簿上尋找一些與名人同名的人，請他們星期二來晚餐，並出示海報。

於是，「猜猜誰來晚餐」，「將是什麼人來晚餐」的話題，為生意清淡的星期二帶來高潮。

在英國的倫敦，有一家小型的珠寶店，開張的時候，店老闆就揚言，要獲得令同行們刮目相看的經營業績。然而，四年過去了，這家珠寶店卻因為經營不善瀕臨倒閉，同行們都譏諷店老闆是「癩蛤蟆想吃天鵝肉」。店老闆真是走投無路，苦想改善困境的對策。

機會終於來了。一九八一年，查爾斯王子和黛安娜王妃要舉行婚禮，成為轟動英國以至全世界的新聞。黛安娜王妃容貌絕倫而儀態超群，令絕大多數英國人為之仰慕和傾倒，她甚至成為眾多年輕人崇敬的偶像。店老闆心想，如果可以抓住這個千載難逢的機會，利用民眾對王室婚禮盛典的專注心理，導演一齣虛假而又逼真的廣告劇，必定能使自己的珠寶店擺脫困境，大發其財。

於是，他四處搜尋長得像黛安娜王妃的年輕女子。歷經艱苦，終於被他找到一個相貌酷似黛安娜的時裝模特兒。他重金聘用這個模特兒，對她從服飾和髮型到神態和氣質都進行煞費苦心的模仿訓練。等到看不出破綻之後，店老闆向電視台記者發出新聞：明天晚上將有英國最著名的嘉賓光臨自己的珠寶店，採訪這則新聞的條件是新聞中不得加入解說詞。

第二天晚上，這家珠寶店燈火輝煌，店老闆衣冠一新，神采奕奕的站在店門口，就像要恭候貴賓光臨，此舉頓時吸引許多行人駐足觀望。過了一會兒，一輛豪華的轎車緩緩的駛到門口，車一停下來，店老闆立即走上前，彬彬有禮的打開車門。

那位相貌酷似黛安娜王妃的模特兒從容的從車上走下來，嫣然一笑，還向聚攏的行人點頭致意。有人喊了一聲：「看，黛安娜王妃。」眾人真的以為是黛安娜王妃來了，來不及辨別就蜂擁而上，爭相一睹黛安娜王妃的風采，擠到前面的年輕人還為了吻上黛安娜王妃的手而非常得意。電視台的記者不敢怠慢，急忙打開錄影機拍攝，員警害怕影響「王妃」的活動，急忙過來維持秩序。

店老闆此時更是從容不迫，先是感謝「王妃」的光臨，隨後笑容可掬的引她參觀，店員們按照老闆的吩咐，相繼介紹項鏈、耳環、鑽石等名貴飾品，「黛安娜王妃」面露欣喜，一邊挑選一邊稱讚。

第二天，電視台播放這則以假亂真的新聞，因為受到老闆的關照，被蒙在鼓裡的記者把它拍成「默片」，自始至終沒有一句話和一句解說詞，螢幕上出現的只是非常熱烈的場面和珠寶店的顧客。這一下震動倫敦全城，人們紛紛傳述這個重要的新聞，原來不知道這家珠寶店的人們不停的打聽這家珠寶店的地址，都想在黛安娜王妃來過的珠寶店裡買一件首飾當作禮品送人。原來生意清淡、門可羅雀的珠寶店，頓時門庭若市，生意興隆，叫老闆和店員們應接不暇。短短的一個星期，這家珠寶店就獲利十萬英鎊，超過開業四年來的總和。

這則消息傳到白金漢宮，驚動皇家貴族，皇家發言人立即鄭重的發表聲明：「經查日程安排，王妃沒有去過那家珠寶店。」要求法院判處那家珠寶店的老闆犯了詐欺罪。發大財的珠寶店老闆卻振振有詞的說：「新聞中沒有一句話，我也沒有說嘉賓是黛安娜王妃，這在法律上不能構成犯罪，至於圍觀的民眾『想當然』的把她當成王妃，我是無法阻止的。」

珠寶店老闆利用假王妃，大肆製造社會新聞，使得倫敦全城沸沸揚揚，珠寶店也因此柳暗花明，絕處逢生。此舉假借權威效應，珠寶店老闆深知黛安娜王妃在英國民眾心目中的權威，所以請來一位模特兒扮演成王妃，光顧他的珠寶店，又巧妙的透過電視台加以宣傳，進而大大提高珠寶店的知名度，吸引眾多的顧客，實現預期的宣傳效果，擴大銷售。

這種方法從道德上說，有愚弄民眾之嫌，不宜提倡，但是如果可以正確的在商業活動中利用權威效應，則是商戰制勝的不二謀略。

凡此五者，將莫不聞，知之者勝，不知者不勝

【語譯】

以上五個方面，作為將帥都不能不充分瞭解。充分瞭解這些情況，就可以打勝仗。不瞭解這些情況，就不能打勝仗。

【原文釋評】

《孫子兵法》強調，戰爭必須審度敵我雙方的「五事」和「七情」，以定勝負，企業宣傳也要與對手鬥智鬥勇。

商場如同戰場，不同的是戰鬥靠的是士兵和武器，競爭靠的是人才、技術、產品、品質、戰略、資訊、售後服務。然而，兩者在戰術上是相同的，都是智力和實力的較量。

【經典案例】

多年來，在攝影器材市場上獨佔鰲頭的柯達公司，面臨太平洋彼岸日本富士公司的挑戰。

柯達公司創業一百多年，是實力雄厚的企業，擁有資產達一百多億美元，員工超過十二萬人，在美國

的製造業公司中排名第二十三位。

柯達公司佔有五十六％的底片市場，彩色相紙的市場佔有率為四〇％，美國市場幾乎是它的天下。

柯達公司利潤豐厚，根據二十世紀八〇年代初期統計，一年銷售額達一〇六億美元，獲利十二億美元。柯達公司良好的經濟效益使許多公司垂涎，包括美國的杜邦化工公司在內的一些公司都曾經想染指這個行業，但是均未見成效。

然而八〇年代後期，柯達卻遇上前所未有的挑戰，對手是日本的富士公司。

「富士」是日本最大的彩色底片和相紙的製造商，在日本市場佔有率為七〇％。當時，富士制定向柯達挑戰的目標，該公司的一位高級主管聲稱：「在不久的將來，要奪取柯達公司十二％～十五％的市場。」

這就像一場驚心動魄的「拳王爭霸戰」，老拳王「柯達」面臨新拳擊手「富士」的挑戰。後者野心勃勃，意欲奪魁；前者決心衛冕，寸土不讓，一場搏鬥開始了。「富士」的招數主要是：

■宣傳戰。該公司在美國大作廣告，一九八一年廣告費五百萬美元，近年來還在上升。

■質優價廉。「富士」產品針對柯達牌子老、信譽好、價格高的特點（比一般其他產品貴一〇％），採取優質和低價的對策打開美國市場的大門。

一九八四年，就在柯達公司的故鄉洛杉磯，「富士」悍然奪得奧運會的贊助權。這對柯達是一次真正的打擊，富士公司因此名聲大噪。

面對「富士」咄咄逼人的架勢，「柯達」不敢再掉以輕心，決心給富士一點顏色看看，回擊幾記重拳。主要有以下幾點：

- 大力開發非攝影產品，包括醫療器械和超高速影印機，以及其他利潤豐厚的新產品。
- 進行許多收購行動，加速公司進入高科技領域，例如：他們耗資七千七百萬美元收購著名的電腦公司——阿提斯公司。
- 不斷推出新型相機，維護其在攝影方面的權威形象。
- 開拓海外市場，包括日本、德國、東南亞等國家及地區，並降低售價與日本廠商展開競爭。

故兵以詐立，以利動，以分合為變者也

【語譯】

所以用兵打仗必須依靠詭詐多變來取得成功，以利益來引動，按照分散或集中兵力的方式來變換戰術。

【原文釋評】

孫子的這段話雖然說的是兵法，但是也道出企業經營的真諦：以靈活多變的手法經營企業，以利益為「餌」吸引顧客。

例如：有意識的壓低單位利潤，讓利與民，以相對低廉的價格刺激需求，可以提高市場佔有率和企業知名度，實現企業長時期的發展和獲利。「奧樂齊」就是這樣做使自己擴大的。

【經典案例】

一九四八年，西奧・阿爾布雷希特的母親不幸去世，留給他和哥哥卡爾的只有一個小得可憐的零售店。這一年，卡爾二十七歲，西奧二十五歲，兄弟二人努力奮鬥，將小店加以擴大，並增設幾家小分店，

都叫「奧樂齊」。

由於資金有限，他們的小店顯得既簡陋又陳舊，只能出售一些罐頭、汽水、點心之類的食品。一年結算下來，所賺的錢微不足道。怎樣才可以找到經營的竅門？兄弟二人商議半天，仍然找不到答案。

有一天下午，卡爾與西奧來到一家商店。這裡顧客雲集，熱鬧非凡。這種情形引起兄弟二人的注意，到門口一看，只見門外一張紅色告示上這樣寫著：凡是到本店購物的顧客，請您把發貨單保存下來，到年終可以憑票免費購買發貨單金額三％的商品。

兄弟兩人將「告示」看了又看，終於明白了。「竅門找到了！」兄弟二人興奮的擁抱。第二天，全市所有的奧樂齊商店的門前，都貼上一張引人注目的大紅告示：本店從今天起，開始實行讓利三％，如果哪位顧客發現本店出售的商品並非全市最低價，而且所降價格不到全市最低價格的三％，可以到本店找回差價，並且有獎勵。

這張告示，彷彿扔下一顆定時炸彈。這一天，全市所有的奧樂齊商店門庭若市，生意興隆，營業額立刻劇增好幾倍。然而，兄弟兩人發現，來奧樂齊商店購貨的人大多是附近的居民，說明生意的局限性。於是，他們在各大報紙和電台等媒體刊登和廣播廣告。

不久之後，「奧樂齊」出現新的購物熱潮，倉庫存貨一搶而光。兄弟兩人更是忙得不可開交，到處找貨源，以保證及時供應。接著，這座城市又出現十多家新的奧樂齊商店。

自此，「奧樂齊」名聲大振，家喻戶曉。兄弟兩人藉機迅速擴大經營，把眼光投向四面八方。漢堡、科隆、波恩等地，相繼出現「奧樂齊」，生意越來越好。因為誰都知道，「奧樂齊」的商品最便宜，一般中產階級和失業工人都成為「奧樂齊」的常客。

為了增加銷售，奧樂齊商店實施「奇招」。有一段時期，奧樂齊商店發生一連串的怪事。許多顧客發現商店少收顧客的錢，當他們想把錢還回去時，商店的員工謝絕了，這是怎麼回事？

原來，西奧經過多次測試，發現營業員每次找零錢所花的時間太多，大大影響銷售。如果將找零錢的時間都省掉，可以增加不少營業額，同時還可以賣出不少商品。於是，西奧決定，奧樂齊商店將所有商品價格的尾數改為〇或五。

如此一來，「奧樂齊」賣出的商品比其他商店便宜將近一半。所以，無論富豪還是貧民，都喜歡光臨「奧樂齊」。

「奧樂齊」因此美名遠揚。根據統計，一九九〇年，在德國有兩千多家奧樂齊商店，而在美國、丹麥、比利時、奧地利等國也有數百家奧樂齊商店。

在德國，三十八%的罐頭、蔬菜盒，三十二%的啤酒、果汁、汽水、牛奶，二十七%的黃瓜罐、醋、沙拉油、糕點、果醬、香腸、火腿、布丁產品，都是由奧樂齊商店出售。

德國人在食品、飲料、香菸、化妝品、清潔劑等日常消費品的消費總額為一九八〇億馬克，其中的二十三%，即四五五億馬克，落入阿爾布雷希特兄弟的口袋裡。真可謂讓利三%，賺遍天下。

總而言之，**給顧客便宜就是給企業最大的利潤。**

第九章：雙贏，永遠是最佳的選擇

「集中兵力，避實就虛」是《孫子兵法》一個經典的指導思想，其目的是保持自己的優勢，以自己的優勢兵力打擊敵人的薄弱環節。這個思想用在商戰中，就是當自己的實力不足時，可以透過與人合作達到壯大自己和彌補自己不足的目的。

齊勇若一，剛柔皆得

【語譯】

要使部隊齊心協力，奮勇作戰如同一人，使強弱不同的士卒都可以發揮作用。

【原文釋評】

孫子對將帥士卒間的整體合作非常重視，認為人各有優劣，關鍵是讓士卒都發揮作用。

在商戰中，可以明白自己的優勢與劣勢，以自己的劣勢換回自己需要的優勢，這是一種與人合作的高明韜略，《孫子兵法》中有關「互惠百利」的思想值得企業家認真研究。

如果一個企業家做什麼事都站在自己的角度去看對方，不擇手段的獲取利益，他是很難成功的。凡事也要替對方著想，力求雙贏的交易，才是最高明的商戰韜略。

【經典案例】

一九八七年六月法國網球公開賽期間，保羅．弗雷斯科和威爾許在巴黎招待他們的商業夥伴，一起觀賞這個盛大賽事。法國政府控股的湯姆遜電子公司的董事長阿蘭．戈麥茲，也在他們熱情邀請之列。

這是一位很風趣、很有魄力的人。

威爾許事先已經約好第二天去戈麥茲的辦公室拜訪他，在他們見面的時候，情形和威爾許第一次與其他企業家會談時沒有什麼兩樣，他們彼此的企業都需要幫助。

湯姆遜公司擁有一家威爾許想要的醫療攝影公司。這家公司的實力不算很強，在同行業內排名只佔第四或第五名。威爾許的奇異公司在美國醫療設備行業擁有一家首屈一指的分公司，這家分公司幾乎壟斷美國從X光機到核磁共振治療儀器等醫療設備的全部業務，但是他們在歐洲市場卻沒有明顯優勢。

尤其重要的是，由於法國政府保持對湯姆遜公司的控股，實際上就等於將威爾許的公司關在法國市場的大門之外。

在會談中，阿蘭・戈麥茲明確的表示，他不想把他的醫療業務賣給威爾許，但是威爾許決定看他是否對業務交換感興趣。因此他向戈麥茲說明，他可以用自己的其他業務與他們的醫療業務進行交換。

在此之前，威爾許非常清楚他不喜歡奇異的哪些業務和公司，因此他絕對不會做賠本的交易。於是，他站起身來，走到湯姆遜公司會議室的講解板前面，拿起一支筆，開始在上面列出他可以賣給他們的一些業務。

他列出的第一個項目是半導體業務，對方不想要。然後，他又列出電視機製造業務。這個時候，阿蘭・戈麥茲立刻表示對這個想法很有興趣。在他看來，他的電視業務規模目前還不算很大，而且全部局限在歐洲之內。他認為，經由這項交換可以把那些不賺錢的醫療業務甩掉，同時又可以使他一夜之間成為第一大電視機製造商。

他們兩人對這項交易很興奮，於是立刻開始談判。很快的，他們達成一致。談判結束之後，阿蘭・戈麥茲陪著威爾許走出電梯，一直把他送到等候在大樓外面的轎車旁邊。當車子從道路上疾駛而去的時候，威爾許一把抓住他身邊秘書的手臂，激動的說：

「天啊，是上帝讓我做這筆交易，我絕對有理由把它做得更好。」

「而且我認為，阿蘭・戈麥茲也是真的想做成這筆交易。」秘書回答他。

他們都開懷大笑。

威爾許確信阿蘭・戈麥茲回到樓上之後也會有同樣的感覺，因為阿蘭・戈麥茲也同樣清楚，他的電視機公司規模太小，根本無法和日本人競爭。這筆交易可以使他獲得一個相對穩定的規模經濟和市場地位，進而使他可以應對一場巨大的挑戰。

這筆交易將使威爾許在歐洲市場的佔有率提高到十五%，他將更有實力來對付奇異的最大競爭者——西門子公司。

在餘下的六星期之內，交易過程中的所有手續全部順利完成，並於七月對外宣布。除了交換的醫療設備業務之外，湯姆遜公司還附帶給奇異公司十億美元現金和一批專利使用權，這批專利權將會每年為奇異帶來一億美元的收入。同時，湯姆遜公司也變成世界上最大的電視機生產商。

然而，威爾許出售電視機業務一事，卻成為很多人批評的對象。許多媒體指責他是在向日本人的競爭屈服，另一些人則攻擊他不愛國只愛錢，他甚至被稱為在戰鬥中逃跑的膽小鬼。

但是威爾許對此發表評論：「這些批評都是媒體的一派胡言。事實是，透過交易，我們的醫療設備業務更加全球化，技術更加進步，而且還得到一大筆現金。每年專利使用費的收入，比我們前十年裡電視機業務的收入還要多，而且我們由此上繳國家的稅金也是前幾年的好幾倍。」

就這樣，威爾許與湯姆遜公司在很短的時間內做成這筆交易，各自擴大自己的業務量，最終雙雙取得成功。

在商場上，雙贏是最佳的選擇，但是要做到這一點，卻是很不容易。首先，它要求你準確的把握自己的優勢和劣勢，同時又必須確實的掌握對方的業務特點。在雙方優劣的深入分析中，找到符合自身發展的機會，才可以做到知彼知己，取長補短，才可以在激烈的競爭中百戰不殆。

能使敵自至者，利之也

【語譯】

可以使敵人自動進入到我方預定地域，是由於運用以利相誘的緣故。

【原文釋評】

商戰合作從本質上說是互惠互利的，但是如果合作雙方不是實力相當時，合作就可能是一種詭道之術。孫子強調打仗要以利誘敵，同樣在商戰中為了取得更大的利益，有時候必須為另一方提供一些「利」，有利才有贏。

在海外企業，不論何種方式，都觸及所在國家和地區的利益。各個國家和地區的利益要求不盡相同，要悉心研究，投其所好，互利互惠。在這個方面，一些西歐企業很有一套。一九八五年，英國太古公司首腦麥里士到中國考察，之後向部屬指出：「與中國做生意，要注意兩點，一是中國需要技術；二是中國外匯有限，要幫助中國賺取外匯。」據此，該公司設在中國的分公司，把經營的重點放在技術合作和幫助內地出口方面。

【經典案例】

可口可樂是世界最著名的飲料，它的產品行銷已經超過一百五十五個國家及地區。經過一百多年，可口可樂至今仍然獲得世界各地人士的偏愛。除了產品有優越及清新的口味之外，可口可樂公司還認識到它要在所經營之地做一個良好客人的重要性。該公司並不自視為一間跨國性的公司，而是一家推崇本地化的公司。當地企業家擁有和控制操作廠房與設備，以生產及供應可口可樂產品，而投資與努力所得的報酬，由當地企業家享受。這種多國本地性形式的經營，確保利益仍然保留於當地經濟以及為當地人提供服務。

除了飲料業務之外，它還導致其他工業的發展和得到利潤，例如：各個部分的供應，包括裝瓶和盒裝容器及運載工具，以至零售商在收取到成品而出售給顧客等方面，所有這些都成為創造就業新機會的因素。具有高度品質標準的可口可樂、雪碧、芬達的問市，積極影響其他本土製造飲品的品質，以及人們對它們的要求。

當企業面臨進一步的發展時，進行合作往往十分重要。

當初松下公司要組建電器生產線時，他們選擇在全球享有盛譽的荷蘭飛利浦公司作為合作夥伴，松下幸之助看中的正是飛利浦公司在全球的信用和他們的優勢。值得指出的是，在合作洽談時，有關技術合作權利金，美國的公司只需付三％，飛利浦公司卻是七％。面對這種情況，松下幸之助應該選擇哪一方？當時，飛利浦公司做出以下說明：

「為什麼本公司會有這樣的要求？因為和貴公司合作之後，必須保證一定的成功。本公司在世界各處有四十八座工廠都很成功，這種成功得來不易。因為假設對方不一定完全接受，只擁有技術也很難成功。可是，我們所做的將完全成功，如果你失敗了，可能損失二億元，並且每月透支，事業受挫。以規模而言，飛利浦公司非常大，所受的損失也會更大。「如果和飛利浦公司合作，對方失敗了，對飛利浦公司是非常不名譽的事情，也會造成對方更大的損失。所以，本公司除非對相當可靠的人，否則不予合作。決定和你合作，是因為你有三十年以上的經驗，你對經營的做法和想法與本公司有許多相似之處，公司內的幹部及工作人員亦然。經過本公司的指導，你的公司一定會成功。成功之後，對雙方都有益處。這項契約，也可以有正面的結果。」

松下幸之助當時是這樣考慮的：飛利浦公司對其合作夥伴的慎重選擇，正好是松下公司最可靠的保證，要合作就要選擇最有信用的合作者。因此，松下幸之助也把自己的想法向對方敘述：「我以十二萬分的誠意，想使這項契約順利成功，所以願意支付二億元。可是，我認為七%的權利金太貴了。根據這項契約，有些人會得到十成的成功，有些人卻只成功一半，此兩者同樣都是成功。可是我做了之後，一定可以得到完全的成功，和只能成功五〇%的人互相比較，從我的公司拿走的是四・五%，實際所得可能超過七%，我希望你可以考慮這種差距。我一定可以得到百分之百的成功，我過去的經驗可以證明這件事情。所以，我希望你可以降低到四・五%。」

松下幸之助這種富有誠意的態度以及他們對信用的重視終於打動對方，結果根據這個數字雙方簽定契約，兩個富有信用的公司就這樣實行雙贏的合作。

寡者，備人者也

【語譯】

兵力之所以薄弱，是因為到處分兵防備。

【原文釋評】

孫子這句話說的是與敵交戰，不能過多的分散兵力，這樣容易降低軍隊的凝聚力和戰鬥力。如果將其運用於現代商業，就是告訴我們：企業家不要到處樹敵，不要與誰都是充滿競爭，有時候也要學會與競爭對手合作。

競爭是生存的一種狀態，沒有競爭，社會不會進步。但是對大多數企業家來說，除了競爭以外，合作也是極其重要的生存方式，如果為了競爭而競爭，就會失去公司發展的方向，喪失勝利的機會。

【經典案例】

Beta是台灣錄影機市場的兩大系統之一，另一個系統是ＪＶＣ公司的ＶＨＳ系統。索尼公司一直擅長在電子技術領域佔據重要位置，Beta系統就是它成功的發明，但就是在這個發明上，索尼公司摔了一個大跟斗，輸給對手ＪＶＣ公司。

索尼公司在發明錄影機系統之後，一直想壟斷錄影機市場，不給對手機會，所以他堅持不肯將技術和對手共同分享。

索尼公司壟斷技術的局面，在短時間裡確實造成壟斷，給索尼公司帶來巨大利潤。ＪＶＣ公司的ＶＨＳ系統無法和索尼公司相抗衡，在生產的品質上和技術上都明顯落後於索尼公司。這種情況迫使ＪＶＣ公司下定決心開發新的系統，以打破索尼公司的壟斷地位。

由於ＪＶＣ以公開技術的方式和其他公司合作，所以在它周圍立刻聚集一支龐大的技術團隊，世界其他電子公司的技術ＪＶＣ公司也可以分享，因此世界上採取ＶＨＳ規格系統的公司越來越多，索尼公司處於孤立的境地。

採用ＶＨＳ系統的公司，為了和索尼公司競爭，聯合起來擠佔索尼公司的市場。由於這支隊伍的龐大，輸贏立刻就見分曉，索尼公司處於下風。

索尼公司知道形勢對自己非常不利，這個時候如果立即和其他公司合作，雖然將會造成自己一部分損失，但是還不至於一敗塗地，而且還可以發揮自己的技術優勢。但是索尼公司卻不甘心，決定在這場世紀大戰中堅持下去，於是極力抗拒ＪＶＣ公司的ＶＨＳ系統。

為了達到目的，它用巨額資金投入到廣告之中，它的技術水準也越來越高。可是消費者已經使用習慣ＪＶＣ公司的產品，要改變這種習慣談何容易。因此，索尼公司的行為不僅無法挽回自己的劣勢，反而越陷越深。這就決定它的做法無法長期維持，它的努力最後宣布徹底失敗。

一九八八年春天，索尼公司承認自己的失敗，宣布Beta系統不如ＶＨＳ系統，決定放棄自己固守的陣營，加入對方的行列。

從一九八〇年到一九八八年，將近十年的時間，正是世界上錄影機市場急劇擴大的時期，可是索尼公司為了企業的「面子」，陷入一場無謂的競爭。這場競爭使對方下定決心改善自己產品的缺點，增強對手的實力，自己卻一無所獲。假使索尼公司可以在開始的階段就公開自己的技術，和其他公司共同合作，現在世界上錄影機的生產廠商，索尼公司一定可以佔據顯著的地位。

無謂的競爭必然導致無謂的結局。商場上的廝殺雖然非常激烈，但是畢竟不同於戰場，把對手擊敗是戰爭的最高目的，但是商業上的合作往往比相互的惡性競爭更有力量。

故君之所以患於軍者三：不知軍之不可以進而謂之進，不知軍之不可以退而謂之退，是謂縻軍。不知三軍之事而同三軍之政，則軍士惑矣；不知三軍之權而同三軍之任，則軍士疑矣。

【語譯】

國君危害軍事行動的情況有三種：不瞭解軍隊不能前進而使軍隊前進，不瞭解軍隊不能後退而使軍隊後退，這樣叫做束縛軍隊。不瞭解軍隊事務而干預軍隊行政，就會使軍士迷惑；不懂得軍事上的權宜機變而干涉軍隊指揮，就會使軍士產生疑慮。

【原文釋評】

在古代軍事戰爭中，取勝的關鍵在於將帥的才能。將帥的才能，能否發揮在於國君，在於後方的政權，如果將帥不能和國君或當權人士有良好的協調，想要取勝也是非常困難，諸葛亮、岳飛、袁崇煥，這些軍事天才之所以最終會失敗，原因也在於此。

將這個道理運用於現實中，就是要商業家善於和政府合作。

對企業家而言，在商言商固然天經地義，但是企業家總不可避免的要與政府部門打交道。一個企業如果處理好與政府及主管部門的關係，就會左右逢源，得心應手。否則，就可能與之頻繁發生摩擦和衝突，甚至被制裁。

無數事實顯示，和政府關係僵化的企業，是難以發展的，甚至還會破產倒閉。在現代化的社會中，企業家的行動絕非是自行其是的孤軍奮戰，更不是不負責任的為所欲為。企業必須與政府及其主管部門處理好關係，在社會衝突與社會責任中，謹慎而嚴肅的扮演好自己的角色，按照設定的目標，妥善處理衝突與責任，令企業走上良性發展的軌道。

同時，企業作為一個經濟實體，對作為國家代表的政府負有一定的責任，例如：承擔政府所交給的生產計畫、提供優質產品、為國家累積資金、義務提供必要的社會公益服務……

既然不可避免的要與政府打交道，企業家自然需要明白政府組織結構和主管部門的設置以及功能，以便提高效率。同時，還要設法使主管企業的政府官員和辦事人員對本企業的情況有全面的瞭解，並主動與他們建立聯繫，以便日後能及時準確的得到政府方面的有關資訊。

因此，有經驗的企業家總是熱情而主動的參加政府和主管部門組織的有關活動，虛心聽取政府對企業各項工作的意見和建議。有些情況下，也可以當場反映本企業的成績和存在的困難及要求。一般來說，由政府提倡的有利於社會的公益事業和活動，企業應作為社會的一員積極參加。這樣做，一方面可以加深政府對企業的信賴和讚許；另一方面，可以提高企業的聲譽和知名度。

此外，企業的重大慶祝活動，要邀請有關政府官員出席參加，同時邀請他們參觀工廠和企業，瞭解情況，以提高他們對本企業活動的興趣，加深他們對產品和企業的認識和好感，甚至以此來提高企業的知名度，在民眾中樹立一個良好的形象。

隨著台灣對外經貿關係的加強，不少企業家已經意識到透過外交活動為自己的產品做宣傳的必要性。例如：向國賓贈送禮品就是一種有效方式，這種方式可以同時達到名人效應和新聞效益。國賓接受並使用某種禮品，就會提高這種物品的知名度，即所謂的「名人創名牌」；新聞界對此進行報導，更是做出免費廣告。這種一舉兩得的實例，在國際上比比皆是。柯林頓夫人所要經過的路線，確定柯林頓夫人可能停留的位置，並選定拍攝的角度。

許多成功的企業家，剛開始確實是想賺點錢，讓日子過得富足，但是隨著自身層次的不斷提高，個人的追求也逐漸昇華，錢賺得多了，對物質反而不在乎。正如一位著名企業家所說：「成本和利潤依然是我做任何決策時的出發點，然而利潤已經不是我追求的目標。我渴望的是不斷超越自己，同時給社會多創造一些財富。」

但是，政府是國家的行政機關和國家權力的執行機關，對社會行使統一管理的職能，任何社會組織都是在國家法律的保護和約束之下運轉。因此，企業的一切活動必須在政府政策和法律允許的範圍之內進行。所以，在處理企業與政府的關係時，必須堅持以下基本原則：

- 嚴格遵守國家的法規和政策。
- 正確處理國家整體利益與企業局部利益的關係，既不忽視國家利益，又不損害企業利益。
- 在提高效益的基礎上，為國家多做貢獻。
- 盡量爭取有利於企業的立法和政策。

企業在進行與政府機構間的公共關係活動時，應該密切注意國家政策及其動向，以便活用政策。為此，需要做到以下幾點。

- 及時瞭解國家的有關計畫，收集彙編各級政府及有關部門下達的各種文件，或是頒布的各種政策和法令，進行歸類分析研究。
- 密切注意並分析代表國家和地方政府的各種新聞傳播機構的動態。
- 充分瞭解國家政府機構的設置、職能結構、工作範圍，與政府主管部門的工作人員保持經常的接觸，並透過他們向主管部門及時的彙報情況，反映本企業的經營狀況，並注意收集回饋的各種資訊。

透過上述活動，既可以從政府主管部門中得到各種有用的資訊，進而把握政策和形勢動向，使企業處於主動地位，又可以在與政府機構及其工作人員的接觸中，宣傳本企業的主張，樹立本企業的形象，進而得到政府對企業的信賴和支持，使企業在生存和發展的激烈競爭中進退自如，永遠立於不敗之地。

孫子
兵法
THE ART OF WAR

第十章：確保勝利的用人之道

孫子高度重視人才。他提出：「兵眾孰強？士卒孰練？」孫子的這個軍事思想，對現代商戰具有指導意義：現代商戰首先是人才的爭奪戰。特別是在高度現代化的今天，人才是商戰制勝的關鍵。

將者，智、信、仁、勇、嚴

【語譯】

所謂將帥，就是要深謀遠慮、賞罰有信、慈愛部屬、勇敢堅毅、樹立威嚴。

【原文釋評】

將帥是戰鬥勝利的關鍵，人才是企業發展的關鍵。

何謂人才？人才是「智」，人才是聰明人，孫子把「智」列為選擇將帥的五大標準（智、信、仁、勇、嚴）之首，可見將帥有才能的關鍵是要擁有智謀才能，這就是告訴人們，企業用人就要用能人。

對於「聰明」這個詞語，比爾・蓋茲的理解是：可以迅速的有創見的理解，並且深入研究複雜的問題。所謂「聰明人」，就是反應敏捷，善於接受新事物；可以迅速的進入一個新領域，對之做出詳細的解釋；提出的問題往往一針見血，正中要害；可以及時掌握所學知識，並且博聞強記；可以把原來認為互不相干的領域聯繫在一起，並且使問題得到解決；富有創新精神和合作精神。

這種人才的高明之處，在於擁有雄厚的科學技術和專門業務的知識，又瞭解和把握經營管理規則，並且可以運用這些知識和規則，在市場激烈競爭中操作自如而得心應手。微軟公司以比爾・蓋茲為代表，聚集一大批這樣的「聰明人」，在技術開發上一路領先對手，在經營上運作高超，使微軟成為全球發展最快的公司之一。對「聰明人」的尋求，微軟又靠著一套嚴格的招聘制度，以保證人才品質，進而在商戰中克敵制勝。

【經典案例】

在公司成立初期，微軟公司採用親自面試的方法。當時，比爾・蓋茲、保羅・艾倫以及其他的高級技術人員對每位候選人進行面試。現在，微軟用同樣的方法招聘程式經理、軟體開發員、測試工程師、產品經理、客戶支援工程師、用戶培訓人員。微軟公司每年為了招聘人才，大約要去五十所美國大學訪問。招聘人員既去知名大學，同時也留心地方院校（特別是為了招收客戶支援工程師和測試員）以及國外學校。

一九九一年，微軟公司人事部人員為了雇用二千名員工，走訪一百三十七所大學，查閱十二萬份履歷，面試七千四百人。年輕人進入微軟公司工作之前，在校園內就要經過反覆考核。他們要花費一天的時間，接受至少四位來自不同部門員工的面試，而且在下一輪面試開始之前，前面一位主試人會把應試者的詳細情況和建議經由電子郵件傳給下一位主試人。有希望的候選人還要回微軟公司總部進行複試。微軟公司透過這些方法，吸收許多全國技術、市場和管理方面最優秀的年輕人才，為微軟贏來聲譽，在各大學裡樹立良好的形象。一位曾經在ＩＢＭ公司享受較高薪水的二十二歲年輕新員工說：「微軟的名字帶有濃厚的神秘感，這使你的履歷看起來非同一般。」

微軟公司總部的面試工作全部由產品製作部門的員工負責，開發員負責招收開發員的面試工作，測試員負責招收測試員的面試工作，以此類推。面試交談的目的在於抽象的判定一個人的智力水準，不僅僅看候選人測試的知識或是有沒有市場行銷的特殊專長（在判定新員工四種重要的素質，即雄心、智商、技術知識、商業判斷能力中，智商被視為最重要）。

微軟面試中有不少有名的問題，例如：求職者會被問及美國有多少個加油站。求職者無需說出準確數字，但是只要想到美國有二．五億人口，每四人有一輛汽車，每五百輛車有一個加油站，他就會推知大約有十二萬五千個加油站，估計美國加油站的數目，被面試者的答案通常不重要，注重的是他們分析問題的方法。

更具體的說，總部層次的招聘是透過「讓各部門專家自行定義其技術專長並負責人員招聘」的方法來進行，例如：程式部門中經驗豐富的程式經理用以下兩個方面來定義合格的程式經理人選：一方面，他們要完全熱衷於製造軟體產品，一般應該具有設計方面強烈的興趣以及電腦的專業知識或熟悉電腦編程；另一方面，他們可以專心的自始至終關注產品製造的全部過程，他們總是善於從所有想到的方面來考慮存在的問題，並且幫助別人從他們沒想到的角度來考慮問題。又例如：對於開發員的招聘，經驗豐富的開發員尋找熟練的語言程式師，同時還要求候選人不僅具備一般邏輯能力，並且要有在巨大的壓力下仍然可以保持良好的工作狀態。

在對每位被面試者做出嚴格要求的同時，微軟還要求每位面試者準備一份候選人的書面評估報告。由於許多人（包括高級經理們）會閱讀這些報告，所以面試者經常感到來自各方面很強的壓力，招聘負責人必須對每個候選人做一次徹底的面試，並寫出一份詳細的書面報告。這樣一來，可以通過最後篩選的人員相對就比較少。例如：在大學招收開發員時，微軟通常僅僅選其中的一〇％～十五％複試，最後僅雇用複試人員的一〇％～十五％，即雇用參加面試人員的二％～三％，正是這樣一套嚴格的篩選程序，使得微軟集中比世界任何地方都要多的高級電腦人才，他們以其才智、技能、商業頭腦聞名，是公司長足發展的原動力。

比爾・蓋茲演講的時候曾經說：「雖然自己並不是每天都快樂，但是他不願意與別人交換這個工作。」──他覺得可以與一群充滿智慧的人工作和交流，是一件十分幸福的事情。

故進不求名，退不避罪，唯民是保，而利合於主，國之寶也

【語譯】

作為一個將帥，應該進不貪求功名，退不迴避罪責，只求民眾和部下得以保全，符合國君的根本利益，這樣的將帥才算是國家最寶貴的人才。

【原文釋評】

一個軍隊將領要確保奪取勝利，離不開部屬的支持，所以孫子建議將帥要懂得保全士卒，尊重他們的生命。如果為了一場勝利而犧牲士卒，則謂之慘勝，這樣的將領稱不上優秀。同理，一個企業管理者要保持團體的凝聚力，也必須學會尊重每位員工。

【經典案例】

台達集團成立於一九七一年四月，是鄭崇華先生（目前已經退休）創辦的。四十多年前，鄭崇華帶著十五個人，創業的目的是要甩開日本人，自己做零件，初期以生產變壓器等電子零件為主，資本額為新台幣十萬元。經過四十多年的奮鬥，硬是從險惡環境中脫穎而出，現在台達公司不僅「戰勝」日本廠商，而

且還打敗歐美廠商，成為世界頭號電源供應器製造廠商、世界上最大的零件廠商、世界上最大的電腦周邊產品供應商。集團產品橫跨電子零件、電源、電池、顯示器等高科技領域，在全世界有十七個工廠，台灣有員工三千七百人，全球員工達兩萬人。二〇〇〇年底，市值達到三十五·三五五七億美元。最讓人歎為觀止的是，台達在三十五年中的連續增長竟然達到三〇%～四〇%。

鄭崇華在用人方面的一個重要認識是：老闆不要把所有公司的所有事物都攬在自己身上，要學會和敢於將事情交給下屬做。他說：「公司裡的老闆不會知道很多東西，就像奇異的威爾許也不知道很多東西和產品。所以一家企業組織結構比較合理一點，就根據產品特性，分成幾個公司，形成一個集團。這個集團董事長主要在財務和策略掌握，但是對產品開發方面不必知道那麼多。像奇異的威爾許這樣強勢的人很難找，他與眾不同，連他的個性都非常強，與一般人的脾氣都不一樣。要找到這種人很難，如果找錯了，整個公司都會影響。」

為此，鄭崇華多次表示，他不超過七十歲就要退休，屆時他會將公司分成好幾家，例如：把幾個做電源的事業單位集中起來，形成一個專做電源的公司。

鄭崇華認為，日本人對老闆往往是盲目服從，因此日本的老闆很好做。「但是中國人卻很聰明，中國人經常是三個和尚沒水喝。我經常講這個道理，包括我也經常反省自己，別人犯錯都不是故意的，所以在反對別人之前，自己稍微反省一下。我們很少鬧分裂，這是因為我們誠懇待人，大家都可以合得來，而且大家對公司和個人的感情都非常好。」

「對人的尊重和信任是很重要的。我做了這麼久沒有開過一張支票，沒有蓋過一個章。我讓一個小姐管錢，一個小姐管帳。我有些朋友把這些看得牢牢的，害怕人家把錢拐跑了。例如：你讓人家出任會計部之前，你要先瞭解人家，知道人家是可靠的，你用人家時，就要信任他。我有一個朋友問我，他為什麼總是碰到壞人，我說老兄啊，我是你的會計，我也要拐跑你的錢，因為你不信任人家，不尊重人家，把人家當作小偷看，人家心理就會不平衡。」

「二十八年來，台達沒有出現過內部分裂。雖然台達也設立一些相關的制度，但是台達有一種氣氛，如果公司來了有問題的人，我們公司會自動排擠他，例如：喜歡拿回扣的人來了之後，其他的人就會給他施加壓力，現在每個部門的工作都是由每個領域裡的總經理負責，我充分授權給他們。我對他們說，你們一定要知道如何用人，如果用了別人就要充分信任他，如果人家為你賺錢，你就一定要給人家好處，這樣大家都會遵守遊戲規則。」

除了充分授權和信任，什麼樣的管理會激發員工的創造熱情？鄭崇華說：「經常培訓他們，讓他們與客戶直接來往，只有經常與客戶打交道，才知道客戶的需求。讓他們直接做決定，不用向我彙報，因為是他答應別人的事情，就等於是他的事情，他比我還著急。對業績好的經理，我們會分給一些股票。對經理人的考評是以利潤為主，以單位投資報酬率為主。零件的投資很低，但麻煩就是人太多，因為老產品利潤太少，有些沒有辦法再做了，可是我們還在做。」

鄭崇華在用人上，非常願意用會與別人良好溝通、善待員工、比較聰明的人。「我不喜歡比較笨的人，我喜歡解決問題能力不錯，不管是與上級、下級、同事都可以相處得很好的人，因為我們是一支團隊。但這也不是絕對，用人是一種藝術，不能死板。有時候，我們也逼迫技術很好的人與別人溝通，對他們進行培養。」

「我們盡量找年輕的人做事，老一輩的人規劃，不能不讓年輕人做事，你要讓他們自由發揮，不能我叫你做什麼，你就做什麼，給他一個環境，鼓勵他去創造。但是你要在後面看著，如果事態嚴重了，你及時提醒他們。」

「讓年輕人做事就要容忍他們身上的毛病，犯錯他們會自動改正，如果不是故意犯錯，我們不會故意懲罰他，因為他自己心裡已經很難過，就不要再刺激他。」

「你跟年輕人講老一代人的經驗，年輕人有時候不會相信，他們就像小孩子喜歡玩火，你怎麼講，他還想玩，只有被燙著以後，他才不會再去玩。因此，我對待我的經理時，盡量把過去經驗告訴他，可是過去的經驗也未必對他絕對有用，因為環境完全改變了，我只給他一個參考而已，不是一定要照我的話去做。如果有些主管對部屬控制得太嚴格，我們會把他換到其他的位置上。因為這樣會對那個部門的成長有影響。我寧願讓他發揮，有些小錯，他自己會調整的。」

「我經常和同仁說，每個人都有他的優點和缺點，你要學人家的優點，不要學人家的缺點，也不要批評人家的缺點，例如：有些廠商拿他們的電源給我們看，有些人認為不值得一看。我說，我不是讓你去看人家的缺點，我是叫你去發現人家的優點，如果你可以發現人家的優點，我才會鼓勵你。」

卒善而養之，是謂勝敵而益強

【語譯】

對俘虜過來的士卒要給予善待和使用，這就是所謂的戰勝敵人而使自己更加強大。

【原文釋評】

孫子主張，對待俘虜要如同對待自己的士卒一樣，這不僅表現一種人道主義觀，也表現其對人才的重視。在現代商戰中，人才的爭奪日趨白熱化，為了在競爭中立於不敗之地，有時候為了人才甚至可以收購其所在企業。

【經典案例】

一九八四年成立的思科系統公司是一家高科技公司，對資訊科技產業有所瞭解的人都會知道，思科公司是全球最大的網路解決方案供應商之一。

現任思科主席兼執行長約翰．錢伯斯一九九一年被聘為思科全球運作高級副總裁，當時公司員工僅三百人，年收入七千萬美元。但是到了二〇〇〇年，思科在世界五十多個國家已經擁有兩萬九千多名員工，二〇〇四財政年度總收入達到三百億美元。

思科可以取得這樣的輝煌成就，其中原因很多，但其與眾不同的併購人才策略產生最大的作用。作為一家新興高科技公司，思科並沒有像其他傳統企業一樣，耗費鉅資建立自己的研發隊伍，而是把整個矽谷當作自己的實驗室，收購新技術和開發人員以填補自己未來產品開發的不足。一般來說，思科差不多可以在三年內平衡收購成本，因此那些在未來六～十二個月有非常好的科技產品的小型創業公司是思科理想的收購目標。美林全球證券研究部門認為：思科經由收購獲得外部研發資源，縮短關鍵產品從研發到投入市場的時間，並且最大程度的降低研發失敗相關的費用。

思科公司經由大規模的收購實現快速的發展，例如：思科在一年時間內收購的公司曾經多達六十五個，因此思科稱自己為一個New World。

錢伯斯可以稱得上是一個收購專家，在收購過程中除了考察該企業的技術因素，還有一點是看能否吸收這個公司，其中最重要的一點是這個公司的文化與思科有多大差異。所以每次收購，錢伯斯都要帶領一個「文化考察團」——由人力資源部成員參與的收購團隊。經過許多次收購，思科的文化也逐漸發生融合，形成現在兼容並蓄的文化特色，但是始終堅持的價值觀是以客戶為中心。思科曾經因為某個客戶需要一種技術而去收購掌握那種技術的一家公司。買公司不稀奇，買完之後讓這個公司變成思科的一份子，並且可以保留買過來的公司的技術和人才，才是快速成功的一個條件。

思科設有一個專門機構，對收購公司進行大量的分析。他們的兼併小組帶著一些目標進行特別廣泛的評估。除了工程師檢查技術，財務人員核對帳簿以外，更重要的是，思科公司的小組還檢查人才情況和管理品質。因為思科收購一個公司既看它的技術，更看創造技術的那些人才。

思科公司在併購以後還有一個更重要的工作要做，那就是消化人才。錢伯斯認為，併購主要是為了人才。他說：「我們衡量一次併購是否成功的標準是：首先是收購公司員工的續留率，其次是新產品的開發，最後才是投資的回報率。」為了在併購以後消化增加的人員，錢伯斯選擇只吃「窩邊草」的策略：公司不收購矽谷以外的公司，這樣可以省掉員工及家屬舉家遷移的麻煩。

對於想要收購的「獵物」，錢伯斯會親自檢視它的股票走勢：股票是在幾個投資者手中，還是在高層主管掌握之中？他們怎樣對待員工，他以此來判斷該公司企業文化是否與思科相容，這種考察一般為六～十二個月。有一次，思科想收購一家眾人都看好的公司，產品符合價錢也適合，但是併購以後必須解雇員工，最終錢伯斯還是放棄了。

還有一次，思科公司的收購因為三個人員的安置問題而擱淺。「併購成功的關鍵在於選擇，就像結婚一樣，如果只約會一次就結婚，婚姻不太可能美滿。如果你知道擇偶條件，並且花很多時間研究和追求，成功率就會提高。」

善用兵者，役不再籍，糧不三載；取用於國，因糧於敵，故軍食可足也。

【語譯】

善於用兵打仗的人，兵員不再次徵集，糧草不多回運送；武器裝備由國內提供，糧草在敵國補充，軍隊的物資就可以充足。

【原文釋評】

孫子在《孫子兵法》中提出「因糧於敵」的重要作戰補給原則。現代商戰中借用對手的人才發展自己的實力，是企業家習慣用的手段。幾十年美國汽車製造業的歷史，可以看作是人才得失的歷史。選用優秀的人才，企業就可以獲得發展。相反的，沒有使用傑出人才，企業就會陷入低迷。艾科卡當然瞭解，因而他更懂得選用人才的重要性。

【經典案例】

一九七八年十一月，克萊斯勒舉行盛大的新聞發表會，新聞界和汽車製造業名人聚集，萬眾矚目。艾科卡是會議的中心，宣布就任克萊斯勒新總裁。

艾科卡的就職演說雄心勃勃、意氣風發，在新聞界和汽車製造業引起巨大迴響。福特二世面對電視上神氣活現的艾科卡，不得不氣憤。福特二世曾經試圖用一百五十萬美元買到艾科卡遠離汽車製造業的許諾，也曾經用不近情理的做法羞辱過艾科卡的自尊心，但是艾科卡軟硬不吃，發誓要讓福特二世尷尬萬分。

艾科卡的靈魂和生命都屬於汽車製造業，無論什麼都無法讓他離開。發覺與福特二世無法共處之後，他開始謀劃成立一家自己的汽車公司，規模和經營都要達到與福特汽車抗衡的地位。

經過一番秘密的調查、權衡、協商，艾科卡最終選擇克萊斯勒公司。他就像一個整裝待發的騎士，克萊斯勒就是他藉以馳騁的戰馬。

以整個經營規模來看，克萊斯勒要比福特公司小得多，而且正陷入經營危機中，公司第三季度的虧損高達一・六億美元。

二十世紀三〇年代前後，克萊斯勒公司曾經超過福特公司，佔據世界第二大汽車公司的位置十七年之久。六〇年代之後，公司經營每況愈下，一次又一次錯誤評估市場需求。進入七〇年代，世界普遍看好小型汽車，克萊斯勒卻在盲目生產大型汽車，致使公司一步步走向困境，市場佔有率縮小，庫存積壓，公司內部人心渙散，管理一片混亂。

對於福特公司來說，艾科卡是一場災難，他熟知福特汽車的大部分技術資料和管理制度，也熟知福特公司高層管理人員中的精英份子，以及他們的各種專長。

為了避免可能會產生的法律麻煩，例如：專利技術、公司機密……艾科卡事先與福特二世的兄弟威廉達成共識，允許他有限使用部分資料。威廉對艾科卡的遭遇深表同情，把這個視作對他的一種補償。

解除法律上的後顧之憂，艾科卡傾其全力拉攏原來的得力部下。他首先找來福特公司主管財務的格林維德，任命他為公司的財務總裁，由他組建一個新的財務團隊和財務管理系統，然後又將開發「野馬」車的一位高級主管委以重任。這個人兩年前進入克萊斯勒公司，那個時候迫於福特的壓力，艾科卡不得不放棄這個技術開發的人才，沒有料到事情後來會有這樣的結局，反而成為天作之合。

接著進入克萊斯勒公司的還有許多人，他們曾經在福特公司分別主管產品銷售、原料採購、生產監督等重要部門。

有這些相互信任又各有所長的管理人才，艾科卡的管理開始得心應手。

與此同時，在福特汽車公司也出現企業優秀人才受到重用的一幕。一九七九年，美國福特汽車公司董事長福特二世宣布辭職，同時將經營七十七年福特公司的經營權轉讓給福特家族之外的卡德威爾，全世界都為這個消息感到震驚和惋惜。

我們看到，福特家族的沉浮與「人才」有關，創始人亨利・福特在幾次經營汽車公司失敗以後，聘請著名的管理專家庫茲恩斯出任經理。短短的幾年，庫茲恩斯不斷採取改革措施，使福特公司一躍成為世界汽車行業第一霸主。在成功和榮譽面前，亨利・福特逐漸自大，聽不進不同意見，許多人才紛紛離去，甚至連庫茲恩斯也離開。福特公司隨即一落千丈，被對手美國通用汽車公司打得落花流水。

一九四五年，福特二世接下福特公司。面對這個爛攤子，他不惜重金，先後聘請一大批管理奇才，例如：原通用汽車公司的副總經理布里奇，後來擔任美國國防部長的麥納馬拉。這些人才對福特公司進行許多重大改革，推出各種新型轎車，使福特公司重新登上霸主地位。但是福特二世在榮譽面前，重蹈他祖父的覆轍，他逐漸獨斷專行並且嫉賢妒能，布里奇和麥納馬拉陸續離去，三位總經理也先後被他解雇。從此以後，福特公司節節敗退，最後只能撒手將「大好河山」讓給別人。有人才可以得江山，沒有人才就會失江山，福特公司就是這句名言的鐵證。

故車戰，得車十乘以上，賞其先得者

【語譯】

所以在車戰中，凡是繳獲敵人戰車十輛以上，就獎賞最先奪得戰車的人。

【原文釋評】

孫子非常重視軍隊的賞罰制度，不僅提出「賞其先得者」，更在《孫子兵法》中將「賞罰孰明」列為決定戰爭勝負的七種關鍵因素之一。

在商戰中，你給員工的薪資必須要高於對手。反之，你的人才就有可能流失。

【經典案例】

薪資是吸引、保留、激勵員工的重要手段，是公司經營成功的影響要素。易立信的薪資結構包括薪資和福利兩部分，薪資有固定和不固定兩項，福利包含保險和休假。影響薪資水準的因素有三個：職位、員工、環境，即職位的責任和難易程度、員工的表現和能力，以及市場影響。薪資政策的目的是提供在本地具有競爭力（而不是領先）的報酬，激勵和發展員工更好的工作並獲得滿足。

易立信對年度優秀員工或工作滿五年以上的員工，制定獎勵計畫。直接由主管負責提名，經過層層考核以確認。獎勵標準包括：團隊合作、工作態度積極、客戶至上、創新，以及持續的出色表現。

易立信的薪資制度有許多特色之處：

進入易立信之前的年資保留

易立信公司的員工薪資與其職務高低成正比，年齡、年資、學歷等因素也有一定的影響，但是不產生主要作用。對於同一職務，如果有不同學歷的人擔任，他們之間薪資的差別可能僅僅在幾百元之間。此外，與一些公司的做法不同的是，易立信在計算員工的年資時，把他進入易立信之前的工作經歷也計算在內。

部分員工有股份

易立信員工的薪資一般由四部分組成：基本薪資、獎金、補貼、福利。獎金分為兩類：一般人員獎金和銷售人員獎金。有些重要員工還會得到一定的股權，股權的受益者一般為「對公司產生關鍵性作用的人」，而不是以職務高低論功行賞。

給員工運動補助

易立信的員工每年還會得到幾千元的體育補助，其他地方根據地區差異也有不同水準的補助。發放這個補助的原因可能是「員工工作的時間比較長、工作壓力比較大」，即使員工的平均年齡只有三十三歲，易立信還是鼓勵他們去運動，這是一個長遠發展的策略，不像一些新興公司竭澤而漁的做法。

獎金與業務目標結合

在易立信，公司業績與員工薪資沒有特別的關係，但是與員工的獎金有很大關係。易立信員工的獎金與公司的業績成一定比例，但並非成正比，獎金一般可以達到員工薪資的六〇％。對於成績顯著的員工，還有其他獎勵。

員工在易立信得到加薪的機會一般有幾個：職務提升、考核優秀，或是有傑出貢獻。被評為公司最佳員工和有傑出貢獻的員工都有相應的獎金作為激勵，傑出貢獻獎、最佳員工獎、重大改進獎的獎金額度一般不超過其年薪的二〇％。

易立信每年要特別明確的進行績效評估，員工的工作分為幾個層級。一般員工應該都可以達到公司的目標，可能有五％到一〇％的員工工作不太好，經過調整還是可以接受的，還有二％到五％的員工確實達不到目標。對這兩組人員可能採用激勵程序，經理會告訴這些員工：「你的工作表現不好，要立刻改進。」對於做得非常好或是有傑出貢獻的員工，如果還有潛能，可能會提升他們去擔任更高的職務。對大部分做得很好的人，公司會維持他們在原來職位繼續工作。

易立信對每個職務的薪資都設立一個最低標準，規定下限並非為了限制上限，而是保證該職務在市場上的競爭力。一般職務上下限的差異為八〇％左右，比較特殊的職務可能會達到一〇〇％，比較容易招聘的職務可能只有四〇％的差異。

易立信沒有降薪

迄今為止，易立信公司尚未有員工降薪的情況發生。如果要採取降薪的做法，還不如直接辭退。

能力的管理是一個獨立的系統，但是與績效管理休戚相關。能力管理有助於員工實現職業發展規劃，績效管理有助於員工改進和提高績效，進而有助於公司經營業績的提升。

易立信高層管理人員認為，員工通常會提出幾個問題：我的職位及其工作內容是什麼？這個職位應該得到怎樣的報酬？我應該怎麼做？我如何可以改進工作？易立信公司讓人力資源部門和管理者一起來回答這些問題。

人力資源部門透過職位分析形成規範的職位說明書，明確任職員工的責任，並且據此確定員工的工作目標或任務。透過職位評估判斷職位的相對價值，建立公司薪資福利結構及政策，使員工產生清晰的期望。管理者的根本任務是有效完成部門績效，因而對下屬績效進行評價與管理就成為其必然而且重大的責任。

易立信的績效評價系統建立在兩個假設基礎上：一是大多數員工為薪資而努力工作，除非可以獲得更高的報酬，他們才會關心績效評價；二是績效評價過程是對管理者和下屬同時評估的過程，因為雙方對下屬發展均負有責任。

績效評價有兩部分內容：結果和成績（目標、應負責任、關鍵結果），績效要素（態度表現、能力）。目標結果一般以量化指標進行衡量，應負責任的成績一般以責任標準來考核。績效要素包括：主動性、解決問題、客戶導向、團隊合作和溝通，對管理者而言還包括領導和授權與其他要素，最終的績效評價結果是兩部分內容評估結果加權後的總和，兩者分別佔六〇%和四〇%。對員工進行公正的績效評價，有利於公司人員相對穩定，但是要真正留住人才，卻非朝夕之功。

為了使人才流失降到最低，易立信設計「轉換成本」策略，即員工試圖離開公司時，會因為「轉換成本」高而放棄。這就需要在制定薪資政策時充分考慮短期、中期、長期薪資的關係，並且為特殊人才設計特殊的「薪資方案」。

故校之以計，而索其情，曰：主孰有道？將孰有能？天地孰得？法令孰行？兵眾孰強？士卒孰練？賞罰孰明？吾以此知勝負矣。

【語譯】

所以要透過對雙方情況的比較，以求得對戰爭情勢的認識：哪一方君主政治清明？哪一方將帥更有才能？哪一方擁有天時地利？哪一方法令可以貫徹執行？哪一方武器堅利精良？哪一方士卒訓練有素？哪一方賞罰公正嚴明？我們根據這一切，就可以判斷誰勝誰負。

【原文釋評】

《孫子兵法》在〈始計〉篇中，把敵我雙方的各種情況做出比較，其中之一是「士卒孰練」，也就是說：士兵是否訓練有素，事關戰爭勝負。現代企業家都把提升員工的競爭力作為保障商戰勝利的一個重要方法。

【經典案例】

「麥當勞」的管理者認為，企業首先是培養人的學校，其次才是速食店，有優良職業道德的員工才算是一流的員工。他們在用人上採用：一是不用「美女」，盡力尋求相貌平凡但是具有吃苦耐勞和創業精神的人；二是用「生人」不用「熟人」，寧願選用剛進入社會什麼也不會的人，以便由公司對新員工進行培訓；三是一般不「辭退」；四是允許員工自己選擇工作時間，從早上七時到晚上十二時，員工可以選擇不同工作時間，可以當全職員工，又可以兼職，以便公司挑選最優秀的員工。同時，「麥當勞」還對富有潛力的員工，不惜成本送到公司總部深造。

麥當勞發展到今天，已經建立完善的人力資源管理系統。透過這套管理及訓練系統，公司達到令顧客百分之百滿意的目標。

在麥當勞工作的每個餐廳經理都需要在同樣的系統下接受兩千小時的培訓，他們學習的主要內容有：經營、存貨控制、會計、公共關係、人際關係、人力資源管理等內容。麥當勞目前在世界許多城市都分別建立培訓中心，每年可以為餐廳經理以下各個管理人員所需的專業訓練及個人成長訓練提供相關的培訓。除了培訓經理以外，培訓中心也為員工提供理論與實踐訓練，使他們可以勝任不同職位的工作。

值得一提的是，麥當勞還有一所「漢堡大學」，從見習經理甚至更高一級的管理人員，都有相應的《管理人員發展計畫》。設立在美國伊利諾州的芝加哥漢堡大學，專門為高層管理人員提供高級訓練課程，包括餐廳管理和經營的各種專業訓練，以及提高管理知識和能力的技巧。這所漢堡大學擁有專業的翻譯人員以及先進的電子設備，教授們可以用二十種語言授課。

麥當勞對員工的基本要求是有服務意識、具備語言和文字溝通能力、組織能力和計畫性強、適應能力和體能好。想要到麥當勞工作，需要經過三次面試，進行為期三天的餐廳實習。這三天實習，公司將考察面試者的各種能力。

每位被麥當勞錄取的員工，不論職位的高低，都必須從普通員工做起，做服務生是新員工的必修課。麥當勞對基礎課的考核也是相當嚴格，只有職位考核表達到一百分才算是合格。如果基礎課合格，就進入專業課的培訓。

為了加深對麥當勞用人制度的瞭解，來看看每位麥當勞經理的成長歷程。

麥當勞公司擁有一群龐大的年輕人才，它由大學生組成，他們定期利用課餘時間到麥當勞打工，這些後備人才將有五〇%的機會成為公司未來的高級管理人員。一名普通大學生是如何培訓成經理？麥當勞法國分公司實行一種快速晉升制度：一個剛工作的出色年輕人，可以在十八個月內當上經理，可以在二十四個月內當上監督人員。聽起來好像天方夜譚，但是這個制度可以避免有人濫竽充數，反應快、接受能力強、熟練程度高的大學生晉升很快。

十八個月的時間裡，要經歷不同級別，不同級別設有經常性培訓，人員獲得一定數量的必要知識，才可以順利通過階段考試。

首先，一個年輕人要當四～六個月的實習助理。在此期間，他們投入到公司各個基層工作，例如：炸薯條、收款。在這些一線工作職位上，實習助理應該學會保持清潔和最佳服務的方法，並且依靠他們最直接的工作，累積實現良好管理的經驗，為日後的管理工作做準備。

第二個工作職位更帶有實際負責的性質：二級助理。他們開始承擔一部分管理工作，例如：訂貨、排班、統計……他們要在一個範圍內展示自己的管理才能，並且在平常工作中累積經驗。

在進入麥當勞八～十四個月以後，年輕人將成為一級助理。與此同時，他們肩負更多更重的責任，每個人都要獨當一面，他們的管理才能日趨完善。這樣一來，距離他們的夢想——晉升為經理，已經不遠。

有些人在首次炸薯條之後不到十八個月就可以達到最後階段，但是在達到這個夢寐以求的階段前，他們還需要跨越一個為期十五天的階段：去芝加哥漢堡大學進修十五天。這是一所名副其實的大學，也是國際培訓中心，他們接待來自全世界的企業和餐廳經理，教授管理一家餐廳所必需的理論和知識，也傳授有關的實際經驗。

麥當勞法國分公司的所有工作人員每年至少可以去美國一次。應該承認的是，這個制度不僅有助於工作人員管理水準的提高，而且成為麥當勞集團在法國甚至全世界極富魅力的主要因素之一，吸引大量有才華的年輕人加盟。

麥當勞以人為本，以人為重，秉持「讓顧客滿意，就要先讓員工滿意；讓員工滿意，就要對他們進行培訓」的理念，給員工創造良好的成長環境。相信麥當勞企業和員工都會有一個更美好的明天。

以正合，以奇勝

【語譯】

正面去應敵，而用奇招取勝。

【原文釋評】

孫子所提倡的「詭道」不只是限於軍事戰爭，它在現實生活的各方面都有用武之地，前提是用詭道不能行惡事。對於企業招聘者來說，這一招極為管用，往往能以此招聘到真正的人才。

【經典案例】

小張一大清早趕到某雜誌社面試，卻沒有想到已經有二十多位面試者等在門口。看著他們準備的資料，小張原本有的自信心立刻有些動搖——他們大多畢業於知名大學！小張摸摸口袋裡的那張高中文憑，有點擔心。

工作人員把面試者帶進一間寬敞的會議室之後，一位四十歲的女總編樂呵呵的說：「這次筆試的題目很簡單，我這裡有一篇列印好的稿子，請大家修改一下，誰修改得最令人滿意，就聘用誰。」

工作人員將稿子發到每個人的手裡，大家都認真的看起來。小張發現這篇稿子不僅錯字連篇，而且還有許多文理不通的句子。小張略作思忖，就拿起紅筆認真刪改起來。改完稿子，小張抬起頭來，卻猛然發現其他面試者並不像他這般緊張和忙碌，他們桌面上的稿子好像沒有改動，而且小張察覺到大家都在用一種嘲諷的目光看著他。

小張不由得產生懷疑：難道我有什麼地方做得不對嗎？小張連忙拿起稿子翻來覆去的看了一遍，終於在稿子的背面看到一行不起眼的小字：「此稿選自《余秋雨文集》。」

小張不禁目瞪口呆，原來自己是一個不自量力的傻瓜！堂堂大作家的文章，難道還會有這麼多紕漏之處？小張的臉漲紅了。小張又將稿子看了一遍，但是最終他仍然堅持自己的修改。

女總編一篇一篇的翻著面試者的「答案卷」，她笑了。只見她走過來握住小張的手說：「張先生，您被錄用了！」

全場譁然，所有人大惑不解的看著她。

只見她微微一笑，然後說：「不好意思，我們打字小姐跟大家開一個玩笑，錯把一行與文稿內容毫不相關的文字列印在稿紙背後。」

「啊！」所有人剎那間都怔住了。

以上這個事例中的女總編在招聘員工時採用「詭道」，她表面上說是打字小姐開玩笑，實際上卻是一種有預謀的「詭術」，符合兵家「以正合，以奇勝」的謀略智慧。

招聘高素質的編輯，不僅要考察他的文字程度，更要考驗他「文」外的功夫。名人的文集就不能更改嗎？如果一個人有此思維定勢，斷然沒有膽識，所以女總編用此方法招來合格的員工。這個事例對現代企業來說，絕對意義非凡——真正的人才，有時候是「騙」來的。

故殺敵者，怒也

【語譯】

要使士卒勇敢殺敵，就要激起他們對敵人的仇恨。

【原文釋評】

「怒兵殺敵」是孫子在《孫子兵法》中提出的重要作戰動員原則。在進行戰爭時，如果參加戰鬥者貪生怕死，看到敵人不能產生殺氣，這樣的軍隊是沒有戰鬥力的。因此，英明的將帥要使用各種有效的方法，做好宣傳鼓動和教育工作，用以激發參戰者的憤怒情緒，形成高昂的士氣，才可以使大家同仇敵愾、奮勇殺敵。

「怒兵殺敵」的策略，也可以理解為是一種「激將法」，對現代企業的領導者來說，它可以在很大程度上激勵員工的奮發進取精神。因此在某些時刻，有必要人為的製造出某種特定氣氛，運用「激將法」激發員工的士氣。

艾爾・史密斯擔任美國紐約州州長時，紐約州的星星監獄十分難管，獄中經常發生鬥毆和騷亂，幾任典獄長都被迫辭職或是被撤職。史密斯上任之後，想找一位能幹的人來管理這所監獄。這是一件很棘手的事情，因為實在沒有人願意做這種苦差事。

經過調查瞭解，史密斯請來一位叫路易斯的人。此人性格剛毅，意志堅強，身材高大，體格強壯，看來只有他可以管得住監獄裡的這幫犯人。

「讓你當星星監獄的典獄長，你覺得怎麼樣？」路易斯來後，史密斯問他。

路易斯知道這所監獄十分難管，做典獄長總是沒有好結果。但這是一個全國聞名的監獄，可以做它的典獄長關係到一個人的榮譽，自己可以嗎？

史密斯發現路易斯猶豫不決，就微笑著說：「年輕人，看起來你有一點害怕。對於你的畏懼心理，我可以瞭解，因為那是一個困難而危險的位置，需要一個意志堅強的男子漢才可以勝任！」

路易斯心想：如果不接受，等於承認自己是一個膽小鬼！他立刻激動起來，決定留下來任職。

他終於成為星星監獄歷史上最有名氣的典獄長。

這個例子雖然不是企業實例，但是道理卻一樣，只要企業領導者可以掌握其中的技巧，就不必擔心自己的員工沒有士氣。

視卒如嬰兒，故可與之赴深谿；視卒如愛子，故可與之俱死

【語譯】

將帥對士卒可以像對待嬰兒一樣體貼，士卒就可以跟隨將帥赴湯蹈火；將帥對士卒可以像對待自己的親生兒子一樣，士卒就可以與將帥同生共死。

【原文釋評】

愛兵如子，向來是兵家所推崇的將帥重要的素質和品德。因為在生死一瞬間的戰場上，只有親密如父子的官兵關係，才可以充分發揮士兵的積極性，激勵大家同生共死，同仇敵愾，努力奪取戰爭的勝利。

但是，對士兵的鍾愛必須有「度」，即有一定的節制。如果過度厚待他們而不去指揮他們，過度溺愛他們而不去教育他們，士兵就可能因為自覺性不高而經常違犯軍紀，在戰場上也可能貪生怕死，不能勇敢殺敵，無法完成戰鬥任務。

因此，「視卒如子」的關鍵是：將帥在治軍過程中愛兵而不驕兵，愛兵的目的是為了奪取戰爭的勝利。

【經典案例】

戰國時期的吳起治軍，以愛惜士卒、與士卒共患難而聞名。魏文侯命令吳起統率大軍攻伐秦國，西征之中，吳起與普通士兵一樣，背著糧袋徒步行走，把戰馬讓給體弱的士卒騎。吃飯的時候，吳起也與士兵們坐在一起，圍著大鍋，喝大碗湯吃大碗飯，有說有笑，儼然一名小卒。睡覺的時候，吳起還是與士兵們睡在一起，以天為被，以地為席。士卒們深受感動，打仗的時候都願意為吳起赴湯蹈火。

當時，在吳起的部隊裡有一名士兵的背上生一個大疽（一種皮膚腫脹堅硬而皮色不變的毒瘡），由於軍隊正在行軍，一時找不到良醫妙藥進行治療，吳起親自為士兵把疽中的濃汁用嘴吸出來，為這名士兵把病治好。這名士兵的母親聞訊之後，竟然放聲大哭。鄰居大惑不解的說：「吳將軍為你兒子吸毒治疽，你不感謝吳將軍，卻哭泣不止，這是為什麼？」這位母親回答：「不是我不感謝吳將軍，我是想起我的丈夫啊！我丈夫以前也在吳將軍手下當兵，也曾經長背疽，是吳將軍為他吸出毒汁把病治好。丈夫感激吳起，打起仗來不要命，終於戰死沙場。我兒子一定也會對吳將軍感恩不盡，恐怕兒子的性命也不會長久了。」說完，又哭了起來。由此可見吳起「視卒如子」謀略的激勵價值。

吳起愛惜士卒，士卒甘願為吳起拼死作戰。魏、秦兩軍交戰後，魏軍連戰連勝，所向無敵，秦軍一退再退，接連被吳起攻佔五座城池。魏文侯聞報，非常高興，任命吳起為西河郡（今陝西華陰附近）守將，把保衛魏國西部的重任交給吳起。吳起也沒有辜負魏文侯的信任，他在鎮守西河的二十七年裡，率軍與各路諸侯大戰七十六次，全勝六十四次，魏國領土也擴展千餘里。

「視卒如子」謀略的關鍵，實際上就是尊重人和瞭解人，充分發揮人們的主動性，發揮人們的積極性，齊心合力的做好事業和工作。這在日常生活中也經常被明智的企業領導者和管理者所使用，特別在經濟管理和企業界運用更為廣泛，效果也特別顯著。

在經營管理中，可以使各方面人才充分展現才能為企業效力是經營管理者的重要職責，也是可以使企業迅速發展的重要保證。經營者應該根據員工的不同需要，採取相應的激勵措施，使員工潛在能量最大限度的釋放出來。這就需要經營管理者正確運用「視卒如子」謀略，以增強員工的凝聚力和積極性。

一個週末的晚上，恐怖份子在英國馬莎公司大理石拱門分店櫥窗裡偷置的一枚炸彈爆炸了，相鄰幾家商店也受到影響。爆炸聲驚動這個沉睡的城市，更驚動這家分店的員工。雖然第二天休息，但是該店的員工們卻在沒有人號召的情形下，不約而同的一早就回到店裡，清理一片狼藉的商店，更換櫥窗上的玻璃。到了第三天的上午，周圍的商店剛開始清掃商店內的爆炸碎片，大理石拱門分店已經開始正常營業。

人們不禁要問，該店的員工為什麼會這樣做？其實，只要仔細瞭解該公司的管理方法，就不難找到答案。

馬莎公司是英國銷售服裝和食品最大的零售商，也是英國最注重福利的公司之一。然而，該公司並不是將福利作為慈善機構的施捨硬塞給員工，而是為了激勵他們更積極的工作。

馬莎公司非常重視和關心四・五萬員工的待遇和福利的提高，管理階層把每個員工都看作是有個性的人。人事部門的管理工作人員超過九百人，他們主要是在各商店中工作，並且成為商店管理團隊的重要部分。每個人事經理要對他管理的五十～六十人的福利待遇、技能培訓、個人發展負責。

該公司每年要撥款五千萬英鎊，用於提高員工的獎金和福利。這是一筆相當大的數目，但是經營者對此不認為可惜。公司董事長伊瑟爾・席夫甚至對地區經理提出更高的要求：「你就算出差錯，也必須是因為過於慷慨。」

為了提高員工的積極性，公司建立高品質的員工餐廳，每個員工只要花四十個便士（約合六美分）就可以吃到一頓三道菜的午餐、早晨咖啡、下午茶。這樣一來，員工就可以精力充沛的投入工作。公司還特地為一個曾經在一家分店擔任經理，在公司工作五十年的老婦人購置一幢小型住宅，並且發給她養老金。這些感情投資使在職的全體員工都大為感動，看到公司的關懷與體貼。

這些「視卒如子」的激勵措施，大大增強公司的凝聚力，不論是分店經理、管理人員，還是會計、營業員，甚至普通的送貨員，都以自己在馬莎公司工作而感到非常自豪。

馬莎公司有三・五萬人持有公司的股票，如果他們以高價賣出，公司的控制權就會轉移到其他企業。但是，員工們卻總是緊緊握著自己的股票不肯脫手。因為他們信賴公司，熱愛公司，正如公司鍾愛他們，信賴他們一樣。

士兵是否訓練有素，事關戰爭勝負。現代企業家都把提升員工的競爭力作為保障商戰勝利的一個重要方法。

第十一章：贏得顧客，攻心為上

《孫子兵法》指出，打仗的最高境界是用謀略戰勝敵人，使用攻心戰術使敵人屈服，而不是直接與敵人交鋒。在商戰中，除了費盡心思與對手競爭，還要「俘虜」顧客。這兩者是一致的，但顧客是最終的決定因素，贏得顧客的信任就等於贏得商戰的勝利，對待客戶的最好韜略就是「攻心為上」。

不知三軍之事而同三軍之政，則軍士惑矣；不知三軍之權而同三軍之任，則軍士疑矣。三軍既惑且疑，則諸侯之難至矣，是謂亂軍引勝。

【語譯】

不瞭解軍隊的內部事物而干預軍隊的行政，就會使將士迷惑；不懂得軍事上的權宜機變而干涉軍隊的指揮，就會使將士產生疑慮。軍隊既迷惑又心存疑慮，諸侯國乘機進犯的災難也就隨之降臨，這叫做自亂其軍，自取滅亡。

【原文釋評】

孫子在論述君主與軍隊的關係時指出，君主如果隨便干預軍事，很可能讓士兵產生疑惑，導致危險。一個企業的產品要讓消費者相信，也應該與大眾的消費心理相對應，只有最大限度滿足顧客的消費需求，企業的產品才會有競爭力。

要滿足顧客的消費需求，首先就要瞭解顧客的心理需求，才可能使自己的產品讓顧客滿意，才可能讓顧客相信自己。

如果一種產品不能符合顧客的心理需求，就表示你是瞎打誤撞，盲目經營。事實上，凡是可以取得成就的企業管理者都是最高明的心理醫生，他們可以瞭解顧客的心理需求，滿足顧客的心理需求。

顧客到底有哪些心理需求？

物美價廉的心理

在實際的消費活動中，顧客都希望用最少的付出換取最大的效用，獲得更多的使用價值。追求物美價廉是最常見的消費心理。顧客在消費活動中，對商品價格的反應最敏感，在同類以及同品質的商品中，顧客總會優先考慮價格較低的商品。

耐用的心理

這種心理需求講究消費行為的實際效果，著重於消費品對消費者的實用價值。人們需要吃、喝、穿、住，實際上絕大部分人是將其大部分精力放在獲取這些基本必需品上。購買行為也是為了滿足這些實際的需要，消費者自然就要追求其實用價值。

安全的心理

安全心理包含兩層意義：一是獲取安全，二是避免不安全。消費者購買消費品之後，要求消費品在被消費過程中，不會給消費者自己和家人的生命安全或身心健康帶來危害。人們購買社會保險和醫療保險或是把錢存入銀行，是因為他們想要在年邁和困難時得到安全。人們購買消防裝置和防盜門鎖，是因為害怕缺少這些東西可能會帶來惡果，為了安全，寧願在這個方面投資。這種安全心理在家用電器、藥品、衛生保健用品等方面的消費選擇上，表現得較為明顯。

方便的心理

這種心理需求的特點是：把方便與否作為選擇消費品的第一標準，以求盡可能在消費活動中最大限度的節省時間。在這種心理狀態下，人們追求購買各種可以給家庭生活和工作環境帶來方便的東西。洗衣機、吸塵器、自動洗碗機、飲料、半成品食物，就是滿足人們這種消費心理。

求新的心理

「喜新厭舊」是顧客的一種基本心理，在我們的生活消費中，某些新穎先進的日常用品，即使價格高一些，使用價值不太大，人們也願意購買。陳舊落後的消費品，即使價格低廉，也會無人問津。這種求新的欲望，年輕人比老年人更強烈。

求美的心理

美的東西如果衝擊到我們的神經和情感，就會使我們產生強烈的滿足和快樂。美對人類來說，是一種精神上的享受。隨著人們審美觀的不斷提高，對產品的求美心理也會越來越明顯和強烈。

自尊和表現自我的心理

每個人都有自尊心，顧客也不例外，而且更為看重。特別是生存性消費需要得到滿足之後，顧客更期望自己的消費可以得到社會的承認和其他消費者的尊重。無論如何，我們都有這種心理，喜歡聽好話，受人恭維，進而覺得自己有成就，並且透過某種消費形式予以表現。

追求「名牌」和仿效的心理

消費者對名牌產品有強烈的追求欲望和信任感，他們總是認為買到名牌消費品才可以保證使用期限，提高消費效果。年輕的消費者更崇尚流行，進而相互仿效。

獵奇的心理

這種心理需求就像人們對古董的喜愛，講究的是奇特，在年輕人中表現得比較明顯，其心理因素主要有兩點：一是認為奇特本身就是一種美，二是為了引起人們的注意。

獲取的心理

說一句不太中聽的話，絕大多數人都有一種強烈的佔有欲。人擁有財產才算是踏上尋求人身安全的康莊大道。精明的推銷員利用這種心理的做法，一般是透過產品的試用推銷產品，例如：一個買主已經試用一台電腦或洗衣機一個多月，他就很難再捨得讓人搬走。他的佔有欲會變得十分強烈，堅決要求把東西留下。

故善用兵者，屈人之兵而非戰也

【語譯】

所以善於用兵的人，使敵人屈服而不靠作戰。

【原文釋評】

孫子認為「上兵伐謀」、「不戰而屈人之兵」才是真正的高明。對現代企業來說，要讓顧客相信你，首先就要讓顧客知道你，要做到這一點，就離不開廣告。提起廣告，人們可能立刻就想到電視、雜誌、報紙……但是這些廣告都需要支付昂貴的費用。有沒有一種不花錢，又可以達到宣傳作用，讓顧客知道的廣告方式？

事實上，如果我們多動腦筋，多花心思，就可以達到孫子所說的「不戰而屈人之兵」的境界，發現很多省錢甚至不花錢讓顧客知道你的方法。這些方法不容易做到，但是它們確實非常有效。

【經典案例】

台北某家科技開發公司籌建之時，由於確保擁有智慧財產權，研究開發高科技產品的費用過大，資金短缺，無力做電視廣告，許多顧客不知道有這家新公司。為了提前進入市場，同時為了快速推廣和提高知名度，讓更多人知道這個企業及其產品，公司領導者可謂是煞費苦心，冥思苦想，就是不知道應該如何才可以做一筆少花錢的廣告，怎麼辦？

此時夜幕降臨，華燈初上，繁華的大道濺起一片霓虹，台北夜景美不勝收。這些美妙的夜晚，讓許多來自不同地方的民眾更顯得生氣勃勃，不願意辜負這個美景。

迎接這些人潮的是一個鮮活的世界——高樓林立，電影院經常爆滿，KTV通宵達旦，銀行的營業時間不得不延長到午夜。午夜，成為台北凝聚的氣質和深蘊的文化新的象徵。

這一切景觀使該公司總裁兼執行長大受啟發，於是他吩咐公司主管廣告宣傳的公關企劃部經理，每天晚上派三十人「兵分五路」，去電影院和KTV等娛樂場所發出「尋人啟事」，透過看板尋找「台北××科技開發公司的××先生」或「台北××科技開發公司的××小姐」。每次「尋人啟事」，都有成千上百的人看到。時間長了，人們都知道這家公司的存在，尚未正式開業已經名聲遠揚，預購產品、投資合作、代理經銷的人也越來越多。

現今的社會，商業競爭激烈而且殘酷。為了爭奪市場中的佔有率，商業競爭同時也演變成廣告大戰。如何才可以在硝煙瀰漫的廣告大戰中取得勝利？廣告的重要策略是研究民眾的心理。成功的商業廣告，可以準確的應用心理學原理，順應民眾心理狀況和需求，有誘發民眾消費心理的感召力，可以顯示對民眾的吸引力和傳播力。

故我欲戰，敵雖高壘深溝，不得不與我戰者，攻其所必救也

【語譯】

所以我方要交戰時，敵人即使高壘深溝，也不得不出來與我方交鋒，這是因為我方攻擊敵人所必救的地方。

【原文釋評】

孫子認為，想要誘敵交鋒，就必須先攻其所必救。如果將這個道理用於現代企業與消費者關係上，不妨這樣解釋：故我欲賣，顧客雖然不願意掏錢，不得不買者，引起其興趣也。

事實上，如果你的產品可以引起客戶的興趣，無須你花費許多的財力和物力，也無須你費心思的讓客戶相信，他們就會主動的購買你的產品。

【經典案例】

有一次，愛德華・查利弗先生為了贊助一名童軍參加在歐洲舉辦的世界童軍大會，極需籌措一筆經費，於是前往當時美國一家大公司，拜會其董事長，希望他可以解囊相助。

在愛德華・查利弗拜會他之前，聽說他曾經開過一張面額一百萬美元的支票，後來那張支票因故作廢，他還特地將之裝裱起來，掛在牆上以作紀念。所以，當愛德華・查利弗踏進他的辦公室之後，立即針對此事，要求觀賞這張裝裱起來的支票。愛德華・查利弗告訴他，自己從未見過任何人開過如此巨額的支票，很想見識一下，以便回去說給小童軍們聽。

這位董事長毫不考慮的答應，並且很有興趣的將當時開那張支票的情形，詳細的解說給查利弗聽。查利弗先生並沒有一開始就提起童軍的事情，更沒有提到籌措基金的事情，他提到的只是他知道對方一定很感興趣的事情，結果如何？

說完他那張支票的故事，未等他提及，那位董事長就主動問他今天來是為了什麼事情？於是他才一五一十的說明來意。出乎他的意料，董事長不僅答應查利弗的要求，而且還答應贊助五個童軍去參加童軍大會，並且要親自帶隊參加，負責他們的全部開銷，此外還親筆寫一封推薦函，要求他在歐洲分公司的主管，提供他們所需的一切服務。愛德華・查利弗先生滿載而歸。

讓顧客相信你，購買你的產品，首先要做的就是引起顧客的興趣，顧客身上與眾不同的飾品或是髮型和衣帽之類都可能是他的興趣，抓住這些，就可以抓住顧客的心理，同時也讓他們知道你對他們的尊重與關注，你與顧客之間就沒有隔閡。

能使敵自至者，利之也

【語譯】

可以使敵人自動進入我方預定地域，是由於運用以利相誘的緣故。

【原文釋評】

孫子「以利誘之」的主張是針對軍事戰爭而言，如果將其運用於現代行銷，我們絕對不能用金錢或是其他物質利益引誘客戶，這樣只會讓自己一無所得，對客戶真正的「利誘」應該是「禮誘」，用禮儀去吸引顧客，讚美就是最有效的一個方法。

讚美是世界上最動聽的語言，尤其是對客戶的讚美。對客戶的優點加以讚美，會讓他們的自尊心得到極大滿足，進而會讓他們覺得你是一個可以相信的人。

【經典案例】

喬治・伊斯曼因為發明感光底片而使電影得以產生，他累積高達一億美元的財產，進而使自己成為世界上最有名望的企業家之一。

伊斯曼曾經在曼徹斯特建過一所伊斯曼音樂學校。同時，為了紀念他母親，還蓋過一所著名戲院。當時，紐約高級坐椅公司的總裁亞當森想得到這兩筆椅子的生意。於是，他和負責大樓工程的建築師通電話，約定拜見伊斯曼先生。

在見伊斯曼之前，他向瞭解伊斯曼的建築師詢問伊斯曼的做事風格及興趣，建築師向亞當森提出忠告：「我知道你想爭取這筆生意，但是我不妨先告訴你，如果你佔用的時間超過五分鐘，你就一點希望也沒有。他很忙，所以你要抓緊時間把事情講完就走。同時，你要盡量運用世界上最動聽的語言——讚美。」

亞當森被帶進伊斯曼的辦公室，伊斯曼正在處理一堆文件。過了一會兒，伊斯曼抬起頭來，然後說：「早安！先生，有事嗎？」

建築師先為兩人彼此進行介紹，然後亞當森滿臉誠懇的說：「伊斯曼先生，在恭候您的時間，我一直欣賞您的辦公室，我很羨慕您的辦公室，假如我可以有這樣一間辦公室，即使工作辛苦我也不會在乎。您知道，我從事的業務是房子內部的工作，我一生還沒有見過比這更漂亮的辦公室。」

伊斯曼回答：「您提醒我記起一樣我幾乎已經遺忘的東西，這間辦公室很漂亮，是吧？當初剛建好的時候，我對它也是極為欣賞。可是如今，我每次來這裡時總是想著許多事情，有時候甚至幾個星期都沒有好好看這個房間一眼。」

亞當森走過去，用手來回撫摸著一塊鑲板，那個神情就如同撫摸一件心愛之物，「這是用英國的櫟木做的，對嗎？英國櫟木的構造和義大利櫟木的構造就是有些不一樣。」

伊斯曼回答：「不錯，這是從英國進口的櫟木，是一位專門和木工打交道的朋友為我挑選的。」

伊斯曼帶亞當森參觀那間房子的每個角落，他把自己參與設計與監造的部分一一指給亞當森看。他還打開一個帶鎖的箱子，從裡面拉出他的第一卷底片，向亞當森講述他早年創業時的奮鬥歷程。伊斯曼情真意切的說到孩提時家中一貧如洗的慘狀，說到母親的辛勞，說到那個時候想賺大錢的願望……

「我最後一次去傢俱店時買了幾把椅子運回家中，放在我的玻璃日光室裡。可是陽光使之褪色，所以有一天我進城買了一點漆，回來後自己動手把那幾把椅子重新油漆一遍。好吧，請到我家，我們共進午餐，飯後我再給你看。」當伊斯曼說這些話的時候，兩人已經談了兩個多小時。吃完午飯，亞當森看了那幾把椅子，每把椅子的價值最多只有一・五美元，但是伊斯曼卻為它們感到自豪，因為這是他親手油漆的。對伊斯曼如此引以為榮的東西，亞當森自然是大加讚賞。最後，亞當森輕而易舉的取得那兩筆生意。

事實上，無論是什麼樣的顧客，都不可能對讚美之詞無動於衷，甚而不開心。讚美顧客，讓顧客開心，並不需要我們花錢，我們也不會因此有損失，何樂而不為？

一個企業或是它的行銷人員如果都可以遵循讚美顧客這個準則並且信守不渝，肯定會有越來越多的客戶相信你，購買你的產品。因為人性中一個最強烈的欲望就是成為一個受到別人欣賞的人，優秀的行銷人士必須把握這一點。

故兵貴勝，不貴久

【語譯】

因此用兵打仗貴在取勝，而不宜曠日持久。

【原文釋評】

孫子認為，戰爭要消耗大量的人力和物力，如果長期與敵國交戰，不僅會使軍隊疲憊而銳氣受挫，還會使國家財政發生困難。

同樣的道理，想要讓顧客相信你，就必須有足夠的理由讓顧客信任，絕對不能把時間浪費在「讓顧客先試試看」。

【經典案例】

香港著名音樂人林夕有一位朋友，在日本住了幾年，回到香港，打算開一家日本料理店，請林夕幫他選擇開店地址。

他們開車跑遍全城，選出十個候選地址，然後把十間店的位置、環境、佈局等各方面情況的優點缺點列出對照表，反覆比較，最後確定三間店進入最後的「決賽」。

接下來，林夕的朋友請專門的市場調查諮詢公司，對三間店的市場潛力進行專業性調查，提交調查報告，根據專家的意見，最後確定一家，作為選定的地址。

店面終於按照朋友的要求裝修完畢，朋友邀請林夕去參觀。林夕發現，自己作為顧客，可以想到的、可以提出的要求，這間店都幫你做好了。有些顧客沒有想到的，店裡也做好了。但是這位朋友還是不放心，請朋友們提供意見。

林夕看著朋友覺得有些不可思議，說：「要是換成我，現在早就開店賺錢了。你快開業吧，早一天開業就早一天賺錢。」

可是朋友說：「不行，正式開業在一個星期之後。從明天開始，我請朋友們來我這裡吃飯，但是飯不能白吃。大家吃完之後，每個人至少要提出一個意見。」

聽到他這樣說，朋友們都問：「為什麼？」

他說：「我在日本餐館考察，他們永遠不會讓客人等候超過五分鐘，他們不會讓客人有任何不滿意的地方。假如我現在開業，我還沒有把握，因此我請大家提供意見。」

「你這是客氣，趕快先開業吧，發現問題隨時糾正就可以。」

「不行，我不能拿顧客當作實驗品。在日本的考察經驗是：開業前十天的顧客，絕大多數都會成為固定的顧客。如果前十天留不住顧客，這間店就要關門。」

「為什麼？一個新開業的店，有一些缺點很正常，有問題下次改正不就好了？」

「真的不行。在日本，沒有下一次，只有一次機會。我剛到日本的時候，覺得日本人好傻，你說什麼他都相信，如果想要騙他們，其實很容易，但是他只會上一次當，以後他再也不會和你來往。如果是你自己的原因犯錯，你就要離開，你沒有下一次機會。」

聽到這裡，林夕明白朋友的做法。他就是要一次成功，這是他第一次開店，也是最後一次開店，絕對不允許失敗。

對於行銷人員來說，這個事例很有啟發意義，許多行銷員為了拿到顧客的訂單，一開始對顧客總是什麼都答應，也不管自己能不能做到，結果當顧客發現時，不僅失去已經擁有的訂單，還失去顧客的信任，哪個顧客還願意和這樣的行銷員來往？

將者，智、信、仁、勇、嚴

【語譯】

所謂將帥，就是要深謀遠慮、賞罰有信、慈愛部屬、勇敢堅毅、樹立威嚴。

【原文釋評】

孫子把「信」放在衡量將帥是否合格的標準的第二位，由此可見其對「信」的重視。作為一名將領，只有做到「言必行，行必果」、「賞罰有信」才可以真正的服眾。對現代企業家來說，只有做到誠信經營，才可以得到顧客的信任。

心如果不誠，做事必難成功。與顧客交往也是如此，欺騙固然可以從顧客手中騙取鈔票，但是卻失去行銷人員最值得珍惜的東西——誠信。

【經典案例】

美國有一位婦女叫凱薩琳•克拉克，她開了一家麵包公司。開業之初，她公開宣布，公司的經營原則只有一條——以誠取信。為此，她規定自己生產的麵包如果超過三天不能賣出，凡是超過三天賣不出去的麵包由公司收回銷毀，這樣的規定雖然使公司增加不少麻煩，並且造成一定的損失，但是由於它的信譽好，麵包新鮮，結果銷量直線上升，贏得越來越多的客戶，凱薩琳麵包公司的生意因此越來越好。

有一年秋天，加州發生水災，糧食緊缺，許多人因為買不到麵包而挨餓。即使如此，凱薩琳依然堅持自己的原則毫不動搖，照樣派人將超過三天的麵包從各個銷售點收回來。

有一次，運貨員從幾家偏遠的商店收回一批過期麵包，在途中被一些饑民擋住，他們提出要購買車上的麵包。

運貨員礙於公司的規定，說什麼也不答應，引起饑民的一致抗議。他們圍住貨車，說什麼也不讓車走，於是雙方發生爭執，圍觀的人也越聚越多。

幾個敏感的記者聞訊紛紛前來探究緣由，運貨員無可奈何的說：「不是我們不通情理，不願意賣給他們。實在是我們公司有嚴格規定，嚴禁在任何情況下將過期麵包賣出去，如果明知故犯，將會被開除。我也不能因為違反公司規定而砸了自己的飯碗啊！」

記者聽了，對運貨員忠於職守，嚴格按照公司規定行事十分讚賞，但是他們又勸說：「先生，現在是非常時期，你就變通一下，把車上的麵包賣給他們吧，總不能看著他們挨餓，你卻無動於衷，這樣也太不近情理。」

運貨員面有難色的說：「不是我不近情理，只是公司規定……」說到這裡，他突然眼睛一亮，對記者說：「主動賣麵包，我是絕對不同意的，但是如果他們強行上車拿，我是沒有辦法的。」

「強行上車拿麵包豈不是公開搶劫？」記者不解的反問。

「如果拿了麵包，又留下錢，搶劫麵包不就變成強買麵包嗎？非常時期強買應該算不上什麼大事？」

運貨員說完，狡黠的一笑。

在場的人恍然大悟，大家一擁而上，將車上的麵包「強買」一空。

運貨員假裝阻攔，記者舉起相機，拍下這個動人的場面。

幾天後，凱薩琳麵包公司信守許諾，寧願將過期麵包收回，也不違反原則的新聞見報，成為轟動一時的新聞，引起無數人的稱讚，他們誠實無欺的經營原則在人們心中留下難忘的印象。

當經濟轉入正軌，生活恢復平靜之後，各麵包公司之間的競爭十分激烈，凱薩琳經營的麵包公司因為信譽好，大家十分信賴，營業額直線上升，在短短的半年時間裡，銷量增加五倍多，令其他公司望塵莫及。

業務量擴大了，凱薩琳的經營宗旨卻始終不變，在經銷商和消費者中間享有的信譽長久不衰。僅僅這一點，就為它帶來滾滾財源。經過十年的努力，凱薩琳的麵包公司一躍成為現代化的企業，每年的營業額由最初的兩萬美元增加到四百萬美元，凱薩琳成為名符其實的百萬富翁。

昔殷之興也，伊摯在夏；周之興也，呂牙在殷

【語譯】

以前殷商的興起，在於重用在夏朝為臣的伊尹，他熟悉並且瞭解夏朝的情況；周朝的興起同樣是因為周武王重用瞭解商朝資訊的呂尚。

【原文釋評】

孫子在《孫子兵法》一書中，用大量文字敘述資訊對戰爭的重要意義，認為其是決定勝負的關鍵。這一點除了在商戰中有極強的可操作性之外，對於業務員維持和客戶的關係，贏得客戶信任也是很重要。

對客戶資料收集的越多，就會瞭解客戶越多，越可以清楚客戶需要什麼。相反的，如果不花一些時間瞭解客戶，收集他們的資料，就會讓機會白白溜走。

【經典案例】

「推銷之神」原一平曾經有一段他自己都覺得實在不太像話的教訓。

有一家銷售男性產品的公司，該公司經常在報紙和雜誌上宣傳他們的「真空改良法」。

有一天，原一平的業務顧問介紹該公司的總經理給他，原一平帶著顧問給他的介紹函欣然前往。可是，不論原一平什麼時候去總經理的住處拜訪，總經理不是沒有回來，就是剛出去。每次開門的都是一個老人。

老人總是說：「總經理不在家，請你改天再來吧！」

「你們總經理是一個大忙人，請問他每天早上什麼時候出門上班？」

「忽早忽晚，我也不清楚。」

不管原一平用什麼旁敲側擊的方法，都無法從那個老人口中打聽出任何消息，他心想：「真是一位守口如瓶的怪老頭。」

就這樣，在三年零八個月的時間裡，原一平總共拜訪那位總經理七十次，每次都撲空。

原一平很不甘心，只要可以見那位總經理一面，縱使他當面大叫：「我不需要保險」，也比一次面都沒有見到更好。

剛好有一天，一位業務顧問把原一平介紹給附近的酒批發商Y先生。

原一平在訪問Y先生時，順便請教他：「請問住在您對面那幢房子的總經理，究竟長得什麼模樣？我在三年零八個月裡，總共拜訪他七十次，卻從未碰過一次面。」

「哈哈！你實在太粗心大意，那位正在掏水溝的老人，就是你要找的總經理。」

「什麼！」

原一平大吃一驚，因為Y先生所指的人，正是那個每次對他說：「總經理不在家，請你改天再來」的老人。

原一平有一種被戲弄的感覺，他立刻趕回原處，那位老人仍然持竹棍掏個不停。

「糟老頭子，竟然敢耍我，哼！你就等著瞧吧！」

原一平雙手環抱胸前，靜靜的等他掏完水溝，心想：「氣死人，原來一直守口如瓶的怪老頭，就是我要拜訪的總經理，真是有眼無珠，我還有資格當推銷員嗎？真是氣死人啦！」

掏水溝的工作還在進行。原一平點燃香菸，深深吸了幾口，心中那股怒氣逐漸平息。

現在是兩個人比耐性的時刻，誰沉得住氣，誰可以堅持久一點，誰就可以贏得最後的勝利。

原一平很有耐性的點燃第二根香菸，並觀察那位老人——瘦巴巴的身子、一張頑固的臉，他一定是一位相當固執的人。像他這樣的人，如果進行一件事情之後，一定不到滿意絕對不罷手，所以縱然現在下雨，他也不可能停止工作！

一直到了原一平抽完第二根煙，他才直起腰，打一個哈欠，收起那根長竹竿，從後門走進去。

原一平吸了兩口氣，發現自己激動的情緒已經平穩，於是走上前，輕輕敲他家的前門。

「請問有人在嗎？」

「什麼事？」

應聲開門的仍然是那位老人，臉上一副不屑的模樣，意思就像是：「你這個小鬼又來做什麼？」

原一平很平靜的說：「你好！承蒙你一再的關照，我是明治保險的原一平，請問總經理在嗎？」

「總經理？很不巧，他今天一大早去附近的小學演講。」

老人神色自若的又說了一次謊。

原一平由於身材矮小，所以雙手正好在門口的窗沿上。他握緊拳頭，猛敲窗沿一下。

「哼！你自己就是總經理，為什麼要騙我？我已經來了七十一次，難道你不知道我來的目的嗎？」

「誰不知道你是來推銷保險的！」

「真是活見鬼了！向你這種一隻腳已經進棺材的人推銷保險，會有今天的原一平嗎？再說，我們明治保險公司如果有你這麼瘦弱的客戶，豈能有今天的規模。」

「好小子！你說我沒有資格投保，如果我可以投保，你要怎麼辦？」

事情越演越烈，原一平發覺自己已經不是在推銷保險，而是在爭吵。既然已經騎虎難下，他決定堅持到底。

「你一定沒有資格投保。」

「你立刻帶我去體檢，要是我有資格投保，我看你的工作也不要做了！」

「哼！只為你一人我不做。如果你公司與全家人都投保，我就打賭。」

「行！全家人就全家人，你快去帶醫生來。」

「既然說定了，我立刻去安排。」爭論到此告一段落。

原一平判斷總經理有病，會被公司拒絕投保，所以覺得這場打賭贏定了。

數日後，他安排所有人員體檢。結果，除了總經理因為肺病不能投保之外，其他人都變成他的客戶。這次的成交金額，打破原一平自己所保持的最高紀錄，而且新紀錄的金額高達舊紀錄金額的五倍之多。這件事情使他深刻的體會，越是難纏的客戶，其潛在購買力越強。

原一平雖然創造一個新紀錄，可是他為了這件事情，深刻的反省。只是由於不認識客戶的相貌，竟然在三年零八個月裡，白跑了七十趟。可笑的是，已經與客戶見過多次面，卻還在拼命的尋找客戶。

原一平認為，這是不應該有的錯誤，因此做出下列四點改進：

■ 以後有人介紹客戶時，必須向介紹者詢問客戶的相貌和特徵，例如：臉孔是細長或圓形，眉毛的粗細與濃淡，髮型與黑痣。如果沒有介紹者，務必找人問出客戶的體態與特徵。

■ 備妥照相機，遇到可能是自己要尋找的對象時，立即偷偷拍攝，但是必須讓認識此對象的人確認相片。

■ 在客戶卡上貼上照片，以便重複溫習，加深印象。

■ 任何有接觸的客戶，不管對方的反應如何，絕對不可半途而廢，有始無終，一定要堅持到底，在事情明朗之後，做一個完結。

不可勝在己，可勝在敵

【語譯】

戰勝敵人的關鍵不在於我方，而在於敵方。

【原文釋評】

孫子認為，取得戰爭勝利的關鍵在敵不在己，同樣的道理，要讓客戶信任，關鍵是在於盡量讓客戶多說話。這樣一來，我們就可以發現「可乘之機」，讓其自己說服自己。

如果客戶對你的產品不信任，我們應該怎麼辦？最好的方法就是多讓客戶說話，你只要挑起話題，列出事實加以引導就可以，讓他自己說服自己。

【經典案例】

弗拉達爾電氣公司的約瑟夫・韋伯，講述他在賓州一個富饒的荷蘭移民地區的一次視察。

「為什麼這些人不使用電器？」經過一家管理良好的農莊時，他問該區的代表。

「他們一毛不拔，你無法賣給他們任何東西，」那位代表厭惡的回答：「此外，他們對公司有偏見。

我試過了，一點希望也沒有。」

也許真是一點希望也沒有，但是韋伯決定無論如何也要嘗試，因此他敲敲那家農舍的門。門打開一條小縫，屈根堡太太探出頭來。

「一看到那位公司的代表，」韋伯先生開始敘述事情的經過：「她立即當著我們的面，把門砰的一聲關起來。我又敲門，她又把門打開。這一次，她把對公司和我們的不滿，一股腦兒的說出來。」

「『屈根堡太太，』我說：『很抱歉打擾您，但我們不是來推銷電器，我想要買一些雞蛋。』

「她把門又開大一點，懷疑的瞧著我們。」

「『我注意到您那些可愛的多明尼克雞，我想買一打雞蛋。』」

「門又開大了一點，『你怎麼知道我的雞是多明尼克種？』」她好奇的問。

「『我自己也養雞，我必須承認，我從來沒有見過這麼棒的多明尼克雞。』」

「『你為什麼不吃自己的雞蛋？』她仍然有點懷疑。」

「因為我的來亨雞下的是白殼蛋。你知道，做蛋糕的時候，白殼蛋比不上紅殼蛋，我妻子以她的蛋糕自豪。』」

「這個時候，屈根堡太太放心的走出來，溫和多了。同時，我的眼睛四處打量，發現這家農舍有一間很好看的牛棚。」

「『事實上，屈根堡太太，我敢打賭，你養雞所賺的錢，比你丈夫養乳牛所賺的錢更多。』」

這下子，她可高興了！她興奮的告訴我，她真的比她的丈夫賺得多，但是她無法使頑固的丈夫承認這一點。

她邀請我們參觀她的雞棚。參觀時，我注意到她裝了一些各式各樣的機械，於是我「誠於嘉許，惠於稱讚」，介紹一些飼料和掌握某種溫度的方法，並且向她請教幾件事情。片刻間，我們高興的交流一些經驗。

過了一會兒，她告訴我，附近一些鄰居在雞棚裡裝設了電器，據說效果極好。她徵求我的意見，想知道是否真的值得那麼做……

「兩個星期之後，屈根堡太太的那些多明尼克雞就在電燈的照耀下活蹦亂跳。我推銷電氣設備，她得到更多的雞蛋，皆大歡喜。」

「但是事情的要點在於：如果我不是讓她自己說服自己，根本沒有辦法把電器設備賣給這個農戶！」

「像這樣的顧客，你根本不能對他們推銷，必須使他們切實感覺到需要，主動購買。」

多讓客戶說話，並不是讓我們不說話，而是讓客戶清楚的知道他需要這個產品，這就需要我們在傾聽的同時，盡量把話題往我們的目的引導，而不是天馬行空，越說越離題，這樣往往到最後，連我們自己的目的都可能忘記。

攻城之法，為不得已。修櫓轒轀，具器械，三月而後成；距闉，又三月而後已。將不勝其忿，而蟻附之，殺士三分之一，而城不拔者，此攻之災也。

【語譯】

選擇攻城的做法，實在出於不得已。製造攻城的大盾和四輪大車以及攻城的器械，費時幾個月才可以完成；構築用於攻城的土山，又要花費幾個月。如果將領難以克制憤怒與焦躁的情緒，而強迫士卒像螞蟻一樣爬去攻城，結果士卒就會失去三分之一，城池仍然未能攻克，這就是攻城帶來的災難。

【原文釋評】

孫子在《孫子兵法》中，描述攻城帶來的災難，就是警示企業家要把競爭的籌碼壓在顧客身上。在競爭日益激烈的市場，隨著商品在品質上的差距越來越小，主觀服務品質的好壞往往就成為顧客能否相信你，能否達成銷售的關鍵。

現代人的消費觀念除了要花錢買到好產品，還要花錢買到舒服。

肯德基是全世界知名的公司，其商業戰略的首要訣竅就是「微笑」。服務生和藹可人的微笑，可以讓廚房裡的員工們忙碌的安心工作，顧客用餐時也如沐春風。這樣一來，顧客就會滿意服務生的態度，也幾乎等於是對公司整體形象的認同。

二十世紀七〇年代初期，實力雄厚的新產品製造商樂於在不發達的第三世界國家製造新產品，並且對由於生活條件所限，既看不懂這些新產品的使用說明，又不會正確使用產品的人們進行指導。他們在市場行銷方面敢作敢為，下了不少功夫，但是成功率卻極低。

很多人對此表示不瞭解，關於新產品開發和由於人們不善於使用而造成的成功率低，這二者之間可能存在的聯繫的討論，由醫學專家、產業代表、政府官員在一些國際會議上展開，但是當時民眾還沒有認識到這個問題的重要性。

【經典案例】

毫無疑問，雀巢對於許多第三世界國家都堪稱是一個咄咄逼人的市場行銷商，它的促銷活動除了針對消費者之外，還直接針對內科醫生和其他醫務人員。直接針對消費者的促銷活動有多種，所採取的媒介有電台、報紙、雜誌、看板，甚至使用裝有高音喇叭的篷車，免費散發樣品、奶瓶、奶嘴、量匙。在有些國家，雀巢透過採取「奶護士」的方式，直接與顧客接觸。

雀巢公司雇用大批婦女充當護士、營養師、助產士，這些專業人員通常的綽號是「奶護士」。批評家們認為這種奶護士實際上是變相的推銷員，她們拜訪嬰兒的母親，送樣品給她們，說服母親們不要親自給孩子哺乳，她們穿著制服，看起來很專業，大大增強民眾對她們的信賴。

此外，對顧客「退換」商品時的服務態度，也影響顧客對你的信任度。「退換」只會給售貨員帶來一點麻煩，卻得到顧客的信賴，這是很大的收穫，必定有助於商品的銷售。

有一位男職員，年底到百貨公司為公司買獎品，順便給小孩買衣服，回家後才發現妻子也給小孩買衣服，比他買的衣服更好看。第二天，他到百貨公司退貨，可是百貨公司說什麼也不退，惹得這位男顧客很生氣，他對周圍的人說：「我再也不去那家服務不好的百貨公司買東西！」

有一位學者在商人「八訓」中曾經寫下：「當顧客買的東西不喜歡來退貨時，應該比賣貨時更客氣的對待。」這句話很有道理，因為有些售貨員對買東西的顧客態度很好，看到退貨就不高興；顧客買到不喜歡的東西心裡也不痛快，如果顧客退貨時，售貨員比賣貨時服務態度更好，顧客會感謝你，也會提高公司的聲望，贏得顧客。

良好的服務態度不僅可以消除顧客的抱怨，增強顧客的滿足感，而且有助於建立良好的企業形象，鞏固與客戶的關係，讓顧客更加相信你，進而贏得更多客戶。

不戰而屈人之兵，善之善者也

【語譯】

不經交戰而可以使敵人屈服，這樣才可以算是高明之中最高明的。

【原文釋評】

孫子這句話無可辯駁，但是他又憑什麼說不戰就可以讓人家投降？孫子雖然沒有在此給出答案，但是我們卻不難猜出，那就是「攻心為上」，否則他怎麼會在一開始就說「多算勝，少算不勝，而況於無算乎？」

同樣的道理，要贏得客戶的信任，在交際之時就要把話說到客戶的心裡，抓住客戶最關鍵的問題。

【經典案例】

春秋時期，齊大夫田常暗害齊悼公，被任為右相。但是，他依然十分擔心高、國、鮑、晏四大家族的威脅，一心想要削弱他們的勢力，以鞏固自己的權力。他想出一個辦法，建議剛繼位的齊簡公出兵伐魯，並推薦國書和高無丕二大夫帶兵出征，企圖假手於魯國殺害國書和高無丕。齊簡公是田常扶立的，自然是言聽計從。國書和高無丕率領一千輛兵車，到了汶水邊上駐紮。那個時候，孔子正好在歸國途中，對祖國處境寢食不安。他對仍然追隨自己但是為數不多的幾個門生說：「魯國是我的祖墳所在，也是我的父母之邦，現在安全受到威脅，你們誰可以幫我想辦法拯救魯國？」

孔子心目中認為子貢很適合，所以子貢一說自己願意，孔子立即同意。其時，子貢三十五歲，正是風華正茂之年。

齊國這次出兵攻魯，名義上是報復魯國曾經站在吳國一邊攻打齊國。原來，魯國的附庸邾子益是齊簡公的姑爺，和魯哀公關係不好。魯哀公於西元前四八八年攻打邾國，把邾子益抓走。齊悼公為此大不高興，於西元前四八七年邀請吳王夫差共同伐魯。魯哀公害怕，立即釋放邾子益，並且向齊求和。齊悼公派人通知吳王：齊、魯言歸於好，吳王無勞遠征。那個時候，夫差剛征服越王勾踐，正在尋機插手中原事務，怎麼可能隨意受人指使？魯哀公眼看有機可乘，派人厚賂夫差，相約出兵伐齊。西元前四八五年，吳、魯聯軍打到臨淄南郊。齊人埋怨齊悼公惹是生非，自討苦吃，田常藉故用藥酒毒死齊悼公，訃告吳、魯求和。第二年，田常遂以魯哀公欺人太甚，慫恿齊簡公伐魯。

子貢趕到臨淄，田常知道他是孔子的高徒，一定是為魯國做說客，可是又不好意思不見。田常在接見的時候，故意擺出姿態很高的模樣，單刀直入的說：「我雖然沒有福氣受到孔先生的教誨，缺乏先見之明，可是您今天是為魯國而來，這一點我是心中有數的。」

子貢說：「您的才能令人敬佩，可惜關於我這次到貴國的目的，您卻完全猜錯了。不瞞您說，我是為齊國而來，並不是為魯國而來。魯國很難攻打，您卻偏偏要攻打它，我看會弄巧成拙，得不償失，到頭來吃虧的還是齊國。」

田常冷笑著說：「我願意聽聽魯國為什麼很難攻打？」

子貢說：「這有兩個方面。以物質方面來說，魯國都城的城牆又低又薄，國土狹小貧瘠，國君軟弱無力，大臣們是一群庸碌之輩，老百姓都厭惡打仗。以精神方面來說，魯國是一個公認的禮儀之邦，又是一個小國，誰攻打它都要背上不禮不義的惡名。這些就是魯國難打的原因。」

田常忍不住大笑，然後說：「恕我說一句不客氣的話，您這些話都是本末倒置，不合常理。您說的魯國在物質方面難攻打的原因，對一般人來說，正是最容易攻打的弱點。您說的精神方面的道理，更是站不住腳。所謂禮儀之邦，恕我冒昧，只是一句空話。魯國內部亂七八糟，暫且不去說它，它在國與國關係方面，前幾年攻打邾國，欺負人家小國，這不是以大欺小是什麼？還奢談什麼禮儀之邦！」

子貢說：「看來您需要上一堂外交課。」

田常很不耐煩的說：「算了，算了。一般的道理都講不通，不要再講那些玄之又玄的東西。」

子貢說：「我很欣賞您的坦率，我知道您當上相國不久，一般外交俗套的沾染還算輕微。」

田常說：「您不是魯國派來的使節，我是把您當作好朋友看待的，所以不和您繞圈子講話。」

子貢說：「也恕我不客氣的說，您對攻打魯國的看法，是把自己降低到一般人的水準。作為一個政治家，應該可以看到普通人看不到的東西，也就是說要有遠見。要不然，每個人都可以當政治家。」

田常稍微謙和的說：「說真的，我還是不太懂您的意思。」

子貢湊近一點，很誠懇的說：「您應該想想『憂在內者攻其強，憂在外者攻其弱』這句話的道理。您既然以好朋友相待，我也不能不推誠相見。聽說您三次求封未成，看來您今天的處境，恐怕很難和其他的大夫們長期共處，他們都不服您。說穿了，您有內顧之憂。攻打魯國確實易如反掌，我所說的難，是從對您的利害得失的角度考慮的。齊國把魯國攻下了，也許可以擴張一些領土。這樣一來，齊簡公更神氣了，那些攻打魯國的人，功勞更高，勢力也更大。可是您不僅沒有得到實際好處，反而上驕君主，不恣群臣，和他們越來越疏遠。『上驕則恣，臣驕則爭』。最後，您和齊簡公的關係搞壞了，下面也不聽您的命令，您要在齊國立足就難了，更不要說完成什麼大事。依我看，您還是不要攻打魯國，如果要攻打，就攻打一個比魯國強的國家，所謂『憂在內者攻其強』，對您有利。因為遇上勁敵，總會多死一些人，那些和您不和的大夫們就被纏住手腳，他們的力量勢必受到削弱，國內就沒有強敵。齊簡公和人民也不會責怪您，您就可以獨攬大權，地位也就鞏固了。」

子貢這些話說到田常的痛處，田常覺得很有道理，連忙尊敬的說：「現在我總算聽懂您深奧的哲學，可是齊國軍隊已經到魯國邊境，一則不好把軍隊叫回來，引起大家對我的懷疑，再則不攻打魯國又要攻打誰？」

子貢說：「這個不難。吳國不是一個現成的對手嗎？吳國的情況和魯國正好相反，國家大，城牆又高又厚，土地遼闊，兵精糧足，武器精良，統帥又很能幹。吳王夫差最近打敗越國，又曾經兵臨齊國城下，正是躊躇滿志、趾高氣揚的時候。吳、魯曾經有聯盟關係，您要是願意，我可以為您到吳國跑一趟，說服吳王派兵救魯。那個時候，您移師對吳，就是名正言順。」

田常覺得這是一個好辦法，把子貢當作恩人一樣看待，臨走時送他很多貴重的禮物，子貢一概不受，匆忙趕到吳國。田常密告國書和高無丕，說是吳王可能乘機攻齊，請他們按兵不動，查明情況再說。

這裡說的是「遊說」，但是行銷工作又何嘗不是如此，想要贏得顧客信任，和顧客維持關係，讓顧客購買你的產品，你在與顧客交際時，就一定要巧妙的說話，把話說到顧客的心裡。

第十二章：善用謀略的政治智慧

《孫子兵法》博大精深的軍事思想，對中國歷代政治家也產生深遠的影響。三國時期的曹操曾經說：「吾觀兵書戰策多矣，孫武所著深矣。」《孫子兵法》的政治價值由此可見一斑。

故經之以五事，校之以計，而索其情：一曰道，二曰天，三曰地，四曰將，五曰法。

【語譯】

因此必須審度敵我五個方面的情況，比較雙方的謀劃來取得對戰爭的認識：一是政治，二是天時，三是地理，四是將領，五是法制。

【原文釋評】

孫子認為戰爭是國家的大事，所以戰爭的決策者一定要明確「五事」與「七計」。這就要求將領本身一方面洞察雙方形勢，一方面要具備智、信、仁、勇、嚴五德。

【經典案例】

「安史之亂」以後，唐朝國運開始衰退，邊疆少數民族蠢蠢欲動，意圖渾水摸魚，在唐帝國這個「病老虎」身上搶得一些利益。唐代宗寶應二年（西元七六三年），西北邊疆少數民族吐蕃糾集回紇等其他民族共二十多萬人氣勢洶洶的殺入大震關，一度攻入京都長安。唐代宗命長子李适為元帥駐守關內，命郭子儀為副元帥，率兵赴咸陽抵禦。

郭子儀在平定安史之亂時與回紇建立友好關係，他勇敢善戰，身先士卒，回紇十分欽佩，都稱他為「郭公」。郭子儀決定利用這種關係破壞回紇與吐蕃的聯盟，把回紇拉到自己這邊，共同對付吐蕃。為此，郭子儀派部將李光瓚去拜訪回紇頭領藥羅葛。藥羅葛得知郭子儀派部將前來，大為驚異，因為他在出兵前就聽說郭子儀和唐代宗已經死了，於是提出要見郭子儀。

李光瓚回到唐營，將藥羅葛的話轉告給郭子儀，郭子儀立即決定到回紇軍營，親自跟藥羅葛「敘舊」。郭子儀的兒子和眾將領紛紛勸說郭子儀不能去冒險，又說：「即使去，最少也要帶五百精兵作護衛，以防萬一。」郭子儀笑著說：「以我們現在的兵力，絕對不是吐蕃和回紇的對手，如果可以說服回紇退兵，或是說服回紇與我們結盟，就可以打敗吐蕃。冒這個險，我覺得值得！」說罷，只帶領幾名騎兵向回紇軍營出發，同時派人先去回紇軍營報信。

聽說郭子儀來了，藥羅葛及回紇將領都大驚失色。藥羅葛唯恐有詐，命令擺開陣勢，他彎弓搭箭立於陣前，隨時準備開戰。郭子儀遠遠望見，乾脆脫下盔甲，將槍和劍放在地上，獨自上前。藥羅葛見來者果然是郭子儀，立即召喚眾將跪迎郭子儀入營。郭子儀見狀，慌忙下馬，將藥羅葛及眾將攙起，攜手進入軍營。

郭子儀先對藥羅葛說：「回紇曾經為大唐平定安史之亂出過不少力，唐王也待回紇不薄，這次為什麼要來攻打大唐？」藥羅葛羞愧的說：「郭公在上，我們回紇人不說假話，這次出兵實在是被大唐叛將僕固懷恩騙來的。僕固懷恩說郭公和代宗已經不在人世，如今郭公就在眼前，我們立刻退兵！」

郭子儀說：「我們大唐兵多將廣，像安祿山和史思明這樣的嚴重叛亂都可以平定，吐蕃與安祿山和史思明相比尚且不如，怎麼可能會是大唐的對手！如果回紇可以與大唐聯手，共同打敗吐蕃，代宗皇帝一定會感謝你們的。」

藥羅葛動情的說：「我們回紇聽郭公的話，就這麼辦！」說罷，命令士兵取酒來，要與郭子儀盟誓，郭子儀連連拱手致謝。

回紇人向來一諾千金，盟誓之後，立即調兵遣將，向吐蕃發起攻擊，郭子儀也傾全軍精銳同時向吐蕃發起進攻。吐蕃大敗，損兵折將數萬，倉皇而去。

由此看來，郭子儀稱得上是「智、信、仁、勇、嚴」五德兼備，未費一刀一槍，將「勁敵」回紇「轉化」為朋友，又利用回紇人的力量打敗吐蕃，捍衛大唐的疆域。

在這場戰爭中，郭子儀正是憑藉無與倫比的勇氣和膽識，先發制人，使回紇人折服，又動用高超的智慧，憑藉自己對於回紇和我方力量的熟悉，進行比較，再對回紇人曉以利害，又以寬大的胸懷接納對方，因此化敵為友是必然的。「五德兼備」也使得郭子儀名垂千古。

不戰而屈人之兵，善之善者也

【語譯】

不經交戰而可以使敵人屈服，這樣才算是高明之中最高明的。

【原文釋評】

孫子所說的「不戰而屈人之兵」不是無所作為，坐以待斃，這裡的「不戰」是指相應的採取一些「非戰」的積極手段，這種手段包括心理壓力和謀略，聯姻式的外交手段就是其中較為典型的一個，這個謀略在中國古代經常被應用，在西方國家也不少見。

【經典案例】

中古歐洲戰亂連年，許多國家的強大興盛都是以戰爭為手段，但是有一個王室卻例外，它利用非戰爭手段而不斷擴張自己的勢力範圍，成為歐洲中古時期顯赫的皇室，真正達到孫子所說的「不戰而屈人之兵」的境界，那就是奧地利的哈布斯堡家族。

哈布斯堡家族原本只是一個擁有瑞士和亞爾薩斯一小部分領土的王國。一二七三年，實力雄厚的德意志諸侯推舉哈布斯堡的魯道夫一世為皇帝，本意就是因為弱小的魯道夫一世比較容易控制。

然而，魯道夫一世並不是這些諸侯所想的那麼軟弱。

魯道夫一世掌權期間，降服反對他的波希米亞國王奧托卡二世，並且與之聯姻，當這個王室男系絕後，迅速將它列入奧地利，開始這個家族百試不爽的聯姻之路。

一四七七年，魯道夫一世的曾孫與勃艮第公爵之女瑪麗結婚，進而獲得荷蘭和勃艮第的領地。後來他繼承王位，即為皇帝馬克西米利安一世。

馬克西米利安一世與瑪麗的兒子費利佩一世與西班牙的胡安娜公主結婚，費利佩一世的兒子卡洛斯一世成年後又取得西班牙王位繼承權，哈布斯堡家族的領土又進一步擴大。

一五二六年，匈牙利的波希米亞國王拉約什二世在戰爭中陣亡，卡洛斯一世的皇弟斐迪南（後來的皇帝斐迪南一世）與拉約什二世的姐姐安娜結婚，繼承匈牙利及波西米亞。

經過這樣的世代累積與傳遞，到了十六世紀末期，哈布斯堡家族達到權力的頂峰，擁有德國東半部、匈牙利、波西米亞、西班牙、保加利亞、荷蘭、南義大利、西西里亞、薩丁尼亞等土地，大約佔歐洲大陸的一大半，同時還擁有西班牙人在美洲的大片領地，被稱為「日不落帝國」。

人們稱哈布斯堡家族的興隆為「幸福的奧地利」，別人用瑪爾斯（戰神）得到的東西，他們卻以維納斯（愛神）得到。這不是與孫子兵法中的名言「不戰而屈人之兵，善之善者也」相符合嗎？

由此我們不難看出，政治上的成功往往不如軍事中的成功明顯，然而它的威力是巨大的。哈布斯堡家族從一個微不足道的諸侯，經過幾代的聯姻，最後發展成擁有大片領土並建立奧地利帝國和奧匈帝國的皇室，在歐洲及美洲的地位舉足輕重，雖然並未進行任何流血戰爭（也是它初期實力不允許），但是他們經由聯姻所取得的統治，卻比運用鐵血手段更加鞏固。這一點，哈布斯堡家族的人非常明白，因此這個王室才避免戰爭，並且逐漸走向強大。

附錄：《孫子兵法》全文

始計第一

孫子曰：兵者，國之大事，死生之地，存亡之道，不可不察也。故經之以五事，校之以計，而索其情：一曰道，二曰天，三曰地，四曰將，五曰法。

道者，令民與上同意，可與之死，可與之生，而不畏危也。天者，陰陽、寒暑、時制也。地者，高下、遠近、險易、廣狹、死生也。將者，智、信、仁、勇、嚴也。法者，曲制、官道、主用也。凡此五者，將莫不聞，知之者勝，不知者不勝。故校之以計，而索其情，曰：主孰有道？將孰有能？天地孰得？法令孰行？兵眾孰強？士卒孰練？賞罰孰明？吾以此知勝負矣。

將聽吾計，用之必勝，留之；將不聽吾計，用之必敗，去之。計利以聽，乃為之勢，以佐其外。勢者，因利而制權也。兵者，詭道也。故能而示之不能，用而示之不用，近而示之遠，遠而示之近。利而誘之，亂而取之，實而備之，強而避之，怒而撓之，卑而驕之，佚而勞之，親而離之。攻其無備，出其不意。此兵家之勝，不可先傳也。

夫未戰而廟算勝者，得算多也；未戰而廟算不勝者，得算少也。多算勝，少算不勝，而況於無算乎？吾以此觀之，勝負見矣。

作戰第二

孫子曰：凡用兵之法，馳車千駟，革車千乘，帶甲十萬，千里饋糧，則內外之費，賓客之用，膠漆之材，車甲之奉，日費千金，然後十萬之師舉矣。其用戰也貴勝，久則鈍兵挫銳，攻城則力屈，久暴師則國用不足。夫鈍兵挫銳，屈力殫貨，則諸侯乘其弊而起，雖有智者，不能善其後矣。故兵聞拙速，未睹巧之久也。夫兵久而國利者，未之有也。故不盡知用兵之害者，則不能盡知用兵之利也。

善用兵者，役不再籍，糧不三載；取用於國，因糧於敵，故軍食可足也。國之貧於師者遠輸，遠輸則百姓貧；近師者貴賣，貴賣則百姓財竭，財竭則急於丘役。力屈財殫，中原內虛於家。百姓之費，十去其七；公家之費，破軍罷馬，甲冑矢弩，戟楯蔽櫓，丘牛大車，十去其六。

故智將務食於敵，食敵一鍾，當吾二十鍾；萁稈一石，當吾二十石。

故殺敵者，怒也；取敵之利者，貨也。故車戰，得車十乘以上，賞其先得者，而更其旌旗。車雜而乘之，卒善而養之，是謂勝敵而益強。

故兵貴勝，不貴久。故知兵之將，生民之司命，國家安危之主也。

謀攻第三

孫子曰：凡用兵之法，全國為上，破國次之；全軍為上，破軍次之；全旅為上，破旅次之；全卒為上，破卒次之；全伍為上，破伍次之。是故百戰百勝，非善之善者也；不戰而屈人之兵，善之善者也。

故上兵伐謀，其次伐交，其次伐兵，其下攻城。攻城之法，為不得已。修櫓轒轀，具器械，三月而後成；距闉，又三月而後已。將不勝其忿，而蟻附之，殺士三分之一，而城不拔者，此攻之災也。

故善用兵者，屈人之兵而非戰也，拔人之城而非攻也，毀人之國而非久也，必以全爭於天下，故兵不頓而利可全，此謀攻之法也。

故用兵之法，十則圍之，五則攻之，倍則分之，敵則能戰之，少則能守之，不若則能避之。故小敵之堅，大敵之擒也。

夫將者，國之輔也。輔周則國必強，輔隙則國必弱。

故君之所以患於軍者三：不知軍之不可以進而謂之進，不知軍之不可以退而謂之退，是謂縻軍。不知三軍之事而同三軍之政，則軍士惑矣；不知三軍之權而同三軍之任，則軍士疑矣。三軍既惑且疑，則諸侯之難至矣，是謂亂軍引勝。

故知勝有五：知可以戰與不可以戰者勝，識眾寡之用者勝，上下同欲者勝，以虞待不虞者勝，將能而君不御者勝。此五者，知勝之道也。

故曰：知彼知己，百戰不殆；不知彼而知己，一勝一負；不知彼不知己，每戰必殆。

軍形第四

孫子曰：昔之善戰者，先為不可勝，以待敵之可勝。不可勝在己，可勝在敵。故善戰者，能為不可勝，不能使敵之必可勝。故曰：勝可知，而不可為。

不可勝者，守也；可勝者，攻也。守則不足，攻則有餘。善守者，藏於九地之下；善攻者，動於九天之上，故能自保而全勝也。

見勝不過眾人之所知，非善之善者也；戰勝而天下曰善，非善之善者也。故舉秋毫不為多力，見日月不為明目，聞雷霆不為聰耳。

古之所謂善戰者，勝於易勝者也。故善戰者之勝也，無智名，無勇功，故其戰勝不忒。不忒者，其所措必勝，勝已敗者也。故善戰者，立於不敗之地，而不失敵之敗也。是故勝兵先勝而後求戰，敗兵先戰而後求勝。善用兵者，修道而保法，故能為勝敗之政。

兵法：一曰度，二曰量，三曰數，四曰稱，五曰勝。地生度，度生量，量生數，數生稱，稱生勝。故勝兵若以鎰稱銖，敗兵若以銖稱鎰。勝者之戰民也，若決積水於千仞之谿者，形也。

兵勢第五

孫子曰：凡治眾如治寡，分數是也；鬥眾如鬥寡，形名是也；三軍之眾，可使必受敵而無敗者，奇正是也；兵之所加，如以碫投卵者，虛實是也。

凡戰者，以正合，以奇勝。故善出奇者，無窮如天地，不竭如江海。終而復始，日月是也。死而復生，四時是也。聲不過五，五聲之變，不可勝聽也；色不過五，五色之變，不可勝觀也；味不過五，五味之變，不可勝嘗也；戰勢不過奇正，奇正之變，不可勝窮也。奇正相生，如循環之無端，孰能窮之哉？

激水之疾，至於漂石者，勢也；鷙鳥之疾，至於毀折者，節也。是故善戰者，其勢險，其節短。勢如張弩，節如機發。

紛紛紜紜，鬥亂而不可亂也；渾渾沌沌，形圓而不可敗也。亂生於治，怯生於勇，弱生於強。治亂，數也；勇怯，勢也；強弱，形也。

故善動敵者，形之，敵必從之；予之，敵必取之。以利動之，以卒待之。

故善戰者，求之於勢，不責於人，故能擇人而任勢。任勢者，其戰人也，如轉木石。木石之性，安則靜，危則動，方則止，圓則行。故善戰人之勢，如轉圓石於千仞之山者，勢也。

虛實第六

孫子曰：凡先處戰地而待敵者佚，後處戰地而趨戰者勞。故善戰者，致人而不致於人。

能使敵自至者，利之也；能使敵不得至者，害之也。故敵佚能勞之，飽能饑之，安能動之。出其所不趨，趨其所不意。

行千里而不勞者，行於無人之地也；攻而必取者，攻其所不守也；守而必固者，守其所必攻也。故善攻者，敵不知其所守；善守者，敵不知其所攻。微乎微乎，至於無形；神乎神乎，至於無聲，故能為敵之司命。

進而不可禦者，沖其虛也；退而不可追者，速而不可及也。故我欲戰，敵雖高壘深溝，不得不與我戰者，攻其所必救也；我不欲戰，雖畫地而守之，敵不得與我戰者，乖其所之也。

故形人而我無形，則我專而敵分。我專為一，敵分為十，是以十攻其一也，則我眾而敵寡。能以眾擊寡者，則吾之所與戰者，約矣。吾所與戰之地不可知，不可知則敵所備者多，敵所備者多，則吾所與戰者寡矣。故備前則後寡，備後則前寡，備左則右寡，備右則左寡，無所不備，則無所不寡。寡者，備人者也；眾者，使人備己者也。

故知戰之地，知戰之日，則可千里而會戰；不知戰之地，不知戰之日，則左不能救右，右不能救左，前不能救後，後不能救前，而況遠者數十里，近者數里乎？以吾度之，越人之兵雖多，亦奚益於勝敗哉？故曰：勝可為也。敵雖眾，可使無鬥。

故策之而知得失之計，作之而知動靜之理，形之而知死生之地，角之而知有餘不足之處。故形兵之極，至於無形。無形，則深間不能窺，智者不能謀。因形而措勝於眾，眾不能知。人皆知我所以勝之形，而莫知吾所以制勝之形。故其戰勝不復，而應形於無窮。

夫兵形象水，水之形，避高而趨下；兵之形，避實而擊虛。水因地而制流，兵因敵而制勝。故兵無常勢，水無常形。能因敵變化而取勝者，謂之神。故五行無常勝，四時無常位，日有短長，月有死生。

軍爭第七

孫子曰：凡用兵之法，將受命於君，合軍聚眾，交和而舍，莫難於軍爭。軍爭之難者，以迂為直，以患為利。故迂其途，而誘之以利，後人發，先人至，此知迂直之計者也。

故軍爭為利，軍爭為危。舉軍而爭利則不及，委軍而爭利則輜重捐。是故卷甲而趨，日夜不處，倍道兼行，百里而爭利，則擒三將軍，勁者先，疲者後，其法十一而至；五十里而爭利，則蹶上將軍，其法半至；三十里而爭利，則三分之二至。是故軍無輜重則亡，無糧食則亡，無委積則亡。故不知諸侯之謀者，不能豫交；不知山林、險阻、沮澤之形者，不能行軍；不用鄉導者，不能得地利。

故兵以詐立，以利動，以分和為變者也。故其疾如風，其徐如林，侵掠如火，不動如山，難知如陰，動如雷震。掠鄉分眾，廓地分利，懸權而動。先知迂直之計者勝，此軍爭之法也。

《軍政》曰：「言不相聞，故為金鼓；視不相見，故為旌旗。」夫金鼓旌旗者，所以一人之耳目也。人既專一，則勇者不得獨進，怯者不得獨退，此用眾之法也。故夜戰多金鼓，晝戰多旌旗，所以變人之耳目也。

三軍可奪氣，將軍可奪心。是故朝氣銳，晝氣惰，暮氣歸。故善用兵者，避其銳氣，擊其惰歸，此治氣者也；以治待亂，以靜待嘩，此治心者也；以近待遠，以佚待勞，以飽待饑，此治力者也；無邀正正之旗，無擊堂堂之陣，此治變者也。

故用兵之法，高陵勿向，背丘勿逆，佯北勿從，銳卒勿攻，餌兵勿食，歸師勿遏，圍師必闕，窮寇勿迫，此用兵之法也。

九變第八

孫子曰：凡用兵之法，將受命於君，合軍聚眾，圮地無舍，衢地合交，絕地無留，圍地則謀，死地則戰，途有所不由，軍有所不擊，城有所不攻，地有所不爭，君命有所不受。故將通於九變之利者，知用兵矣；將不通於九變之利，雖知地形，不能得地之利矣；治兵不知九變之術，雖知地利，不能得人之用矣。

是故智者之慮，必雜於利害，雜於利而務可信也，雜於害而患可解也。是故屈諸侯者以害，役諸侯者以業，趨諸侯者以利。

故用兵之法，無恃其不來，恃吾有以待之；無恃其不攻，恃吾有所不可攻也。

故將有五危：必死，可殺也；必生，可虜也；忿速，可侮也；廉潔，可辱也；愛民，可煩也。凡此五者，將之過也，用兵之災也。覆軍殺將，必以五危，不可不察也。

行軍第九

孫子曰：凡處軍相敵，絕山依谷，視生處高，戰隆無登，此處山之軍也。絕水必遠水，客絕水而來，勿迎之於水內，令半濟而擊之，利；欲戰者，無附於水而迎客，視生處高，無迎水流，此處水上之軍也。絕斥澤，惟亟去無留，若交軍於斥澤之中，必依水草，而背眾樹，此處斥澤之軍也。平陸處易，而右背高，前死後生，此處平陸之軍也。凡此四軍之利，黃帝之所以勝四帝也。

凡軍好高而惡下，貴陽而賤陰，養生而處實，軍無百疾，是謂必勝。丘陵堤防，必處其陽，而右背之，此兵之利，地之助也。上雨，水沫至，欲涉者，待其定也。

凡地有絕澗、天井、天牢、天羅、天陷、天隙，必亟去之，勿近也。吾遠之，敵近之；吾迎之，敵背之。軍旁有險阻、潢井、葭葦、林木、蘙薈者，必謹覆索之，此伏奸之所處也。

敵近而靜者，恃其險也；遠而挑戰者，欲人之進也；其所居易者，利也；眾樹動者，來也；眾草多障者，疑也；鳥起者，伏也；獸駭者，覆也；塵高而銳者，車來也；卑而廣者，徒來也；散而條達者，樵採也；少而往來者，營軍也；辭卑而益備者，進也；辭強而進驅者，退也；輕車先出居其側者，陣也；無約而請和者，謀也；奔走而陳兵者，期也；半進半退者，誘也；杖而立者，饑也；汲而先飲者，渴也；見利而不進者，勞也；鳥集者，虛也；夜呼者，恐也；軍擾者，將不重也；旌旗動者，亂也；吏怒者，倦也；殺馬肉食者，軍無糧也；懸缶不返其舍者，窮寇也；諄諄翕翕，徐與人言者，失眾也；數賞者，窘也；數罰者，困也；先暴而後畏其眾者，不精之至也；來委謝者，欲休息也。兵怒而相迎，久而不合，又不相去，必謹察之。

兵非貴益多也，惟無武進，足以併力、料敵、取人而已。夫惟無慮而易敵者，必擒於人。

卒未親附而罰之，則不服，不服則難用也。卒已親附而罰不行，則不可用也。故令之以文，齊之以武，是謂必取。令素行以教其民，則民服；令素不行以教其民，則民不服。令素行者，與眾相得也。

地形第十

孫子曰：地形有通者、有挂者、有支者、有隘者、有險者、有遠者。我可以往，彼可以來，曰通。通形者，先居高陽，利糧道，以戰則利。可以往，難以返，曰挂。挂形者，敵無備，出而勝之；敵若有備，出而不勝，難以返，不利。我出而不利，彼出而不利，曰支。支形者，敵雖利我，我無出也，引而去之，令敵半出而擊之，利。隘形者，我先居之，必盈之以待敵；若敵先居之，盈而勿從，不盈而從之。險形者，我先居之，必居高陽以待敵；若敵先居之，引而去之，勿從也。遠形者，勢均，難以挑戰，戰而不利。凡此六者，地之道也，將之至任，不可不察也。

故兵有走者、有弛者、有陷者、有崩者、有亂者、有北者。凡此六者，非天之災，將之過也。夫勢均，以一擊十，曰走；卒強吏弱，曰弛；吏強卒弱，曰陷；大吏怒而不服，遇敵懟而自戰，將不知其能，曰崩；將弱不嚴，教道不明，吏卒無常，陳兵縱橫，曰亂；將不能料敵，以少合眾，以弱擊強，兵無選鋒，曰北。凡此六者，敗之道也，將之至任，不可不察也。

夫地形者，兵之助也。料敵制勝，計險阨遠近，上將之道也。知此而用戰者必勝，不知此而用戰者必敗。故戰道必勝，主曰無戰，必戰可也；戰道不勝，主曰必戰，無戰可也。故進不求名，退不避罪，唯民是保，而利合於主，國之寶也。

視卒如嬰兒，故可以與之赴深谿；視卒如愛子，故可與之俱死。厚而不能使，愛而不能令，亂而不能治，譬若驕子，不可用也。

知吾卒之可以擊，而不知敵之不可擊，勝之半也；知敵之可擊，而不知吾卒之不可以擊，勝之半也；知敵之可擊，知吾卒之可以擊，而不知地形之不可以戰，勝之半也。故知兵者，動而不迷，舉而不窮。故曰：知彼知己，勝乃不殆；知天知地，勝乃可全。

九地第十一

孫子曰：用兵之法，有散地，有輕地，有爭地，有交地，有衢地，有重地，有圮地，有圍地，有死地。諸侯自戰其地者，為散地；入人之地不深者，為輕地；我得則利，彼得亦利者，為爭地；我可以往，彼可以來者，為交地；諸侯之地三屬，先至而得天下之眾者，為衢地；入人之地深，背城邑多者，為重地；山林、險阻、沮澤，凡難行之道者，為圮地；所由入者隘，所從歸者迂，彼寡可以擊吾之眾者，為圍地；疾戰則存，不疾戰則亡者，為死地。是故散地則無戰，輕地則無止，爭地則無攻，交地則無絕，衢地則合交，重地則掠，圮地則行，圍地則謀，死地則戰。

所謂古之善用兵者，能使敵人前後不相及，眾寡不相恃，貴賤不相救，上下不相收，卒離而不集，兵合而不齊。合於利而動，不合於利而止。敢問：「敵眾整而將來，待之若何？」曰：「先奪其所愛，則聽矣。」兵之情主速，乘人之不及，由不虞之道，攻其所不戒也。

凡為客之道，深入則專，主人不克。掠於饒野，三軍足食。謹養而勿勞，併氣積力，運兵計謀，為不可測。投之無所往，死且不北。死焉不得，士人盡力。兵士甚陷則不懼，無所往則固，深入則拘，不得已則鬥。是故其兵不修而戒，不求而得，不約而親，不令而信，禁祥去疑，至死無所之。吾士無餘財，非惡貨也；無餘命，非惡壽也。令發之日，士卒坐者涙沾襟，偃臥者涕交頤。投之無所往者，諸、劌之勇也。

故善用兵者，譬如率然。率然者，常山之蛇也。擊其首則尾至，擊其尾則首至，擊其中則首尾俱至。

敢問：「兵可使如率然乎？」曰：「可。」夫吳人與越人相惡也，當其同舟而濟，遇風，其相救也，如左右手。是故方馬埋輪，未足恃也；齊勇若一，政之道也；剛柔皆得，地之理也。故善用兵者，攜手若使一人，不得已也。

將軍之事，靜以幽，正以治。能愚士卒之耳目，使之無知；易其事，革其謀，使人無識；易其居，迂其途，使民不得慮。帥與之期，如登高而去其梯；帥與之深入諸侯之地，而發其機，焚舟破釜，若驅群羊。驅而往，驅而來，莫知所之。聚三軍之眾，投之於險，此謂將軍之事也。九地之變，屈伸之利，人情之理，不可不察也。

凡為客之道，深則專，淺則散。去國越境而師者，絕地也；四達者，衢地也；入深者，重地也；入淺者，輕地也；背固前隘者，圍地也；無所往者，死地也。是故散地，吾將一其志；輕地，吾將使之屬；爭地，吾將趨其後；交地，吾將謹其守；衢地，吾將固其結；重地，吾將繼其食；圮地，吾將進其途；圍地，吾將塞其闕；死地，吾將示之以不活。故兵之情：圍則禦，不得已則鬥，過則從。

是故不知諸侯之謀者，不能豫交；不知山林、險阻、沮澤之形者，不能行軍；不用鄉導者，不能得地利。四五者，不知一，非霸王之兵也。夫霸王之兵，伐大國，則其眾不得聚；威加於敵，則其交不得合。是故不爭天下之交，不養天下之權，信己之私，威加於敵，則其城可拔，其國可隳。施無法之賞，懸無政之令。犯三軍之眾，若使一人。犯之以事，勿告以言；犯之以利，勿告以害。投之亡地然後存，陷之死地然後生。夫眾陷於害，然後能為勝敗。故為兵之事，在於佯順敵之意，併敵一向，千里殺將，是謂巧能成事者也。

是故政舉之日，夷關折符，無通其使，厲於廊廟之上，以誅其事。敵人開闔，必亟入之，先其所愛，微與之期，踐墨隨敵，以決戰事。是故始如處女，敵人開戶；後如脫兔，敵不及拒。

火攻第十二

孫子曰：凡火攻有五：一曰火人，二曰火積，三曰火輜，四曰火庫，五曰火隊。行火必有因，煙火必素具。發火有時，起火有日。時者，天之燥也。日者，月在箕、壁、翼、軫也。凡此四宿者，風起之日也。

凡火攻，必因五火之變而應之：火發於內，則早應之於外；火發而其兵靜者，待而勿攻，極其火力，可從而從之，不可從則止；火可發於外，無待於內，以時發之；火發上風，無攻下風；晝風久，夜風止。凡軍必知五火之變，以數守之。故以火佐攻者明，以水佐攻者強。水可以絕，不可以奪。

夫戰勝攻取，而不修其功者凶，命曰「費留」。故曰：明主慮之，良將修之，非利不動，非得不用，非危不戰。主不可以怒而興師，將不可以慍而致戰。合於利而動，不合於利而止。怒可以復喜，慍可以復悅，亡國不可以復存，死者不可以復生。故明主慎之，良將警之，此安國全軍之道也。

用間第十三

孫子曰：凡興師十萬，出征千里，百姓之費，公家之奉，日費千金，內外騷動，怠於道路，不得操事者，七十萬家。相守數年，以爭一日之勝，而愛爵祿百金，不知敵之情者，不仁之至也，非民之將也，非主之佐也，非勝之主也。故明君賢將，所以動而勝人，成功出於眾者，先知也。先知者，不可取於鬼神，不可象於事，不可驗於度，必取於人，知敵之情者也。

故用間有五：有鄉間，有內間，有反間，有死間，有生間。五間俱起，莫知其道，是謂神紀，人君之寶也。鄉間者，因其鄉人而用之；內間者，因其官人而用之；反間者，因其敵間而用之；死間者，為誑事於外，令吾間知之，而傳於敵間也；生間者，反報也。

故三軍之事，莫親於間，賞莫厚於間，事莫密於間，非聖智不能用間，非仁義不能使間，非微妙不能得間之實。微哉！微哉！無所不用間也。間事未發而先聞者，間與所告者皆死。

凡軍之所欲擊，城之所欲攻，人之所欲殺，必先知其守將、左右、謁者、門者、舍人之姓名，令吾間必索知之。必索敵人之間來間我者，因而利之，導而舍之，故反間可得而用也；因是而知之，故鄉間、內間可得而使也；因是而知之，故死間為誑事，可使告敵；因是而知之，故生間可使如期。五間之事，主必知之，知之必在於反間，故反間不可不厚也。

昔殷之興也，伊摯在夏；周之興也，呂牙在殷。故明君賢將，能以上智為間者，必成大功。此兵之要，三軍之所恃而動也。

古學今用 122

中國第一兵書
孫子兵法

海鴿文化出版圖書有限公司
Seadove Publishing Company Ltd.

作者　秦榆
美術構成　騾賴耙工作室
封面設計　斐類設計工作室
發行人　羅清維
企畫執行　張緯倫、林義傑
責任行政　陳淑貞

出版　海鴿文化出版圖書有限公司
出版登記　行政院新聞局局版北市業字第780號
發行部　台北市信義區林口街54-4號1樓
電話　02-27273008
傳真　02-27270603
e - mail　seadove.book@msa.hinet.net

總經銷　創智文化有限公司
住址　新北市土城區忠承路89號6樓
電話　02-22683489
傳真　02-22696560
網址　www.booknews.com.tw

香港總經銷　和平圖書有限公司
住址　香港柴灣嘉業街12號百樂門大廈17樓
電話　（852）2804-6687
傳真　（852）2804-6409

出版日期　2019年05月01日　三版一刷
　　　　　2024年01月15日　三版十五刷
特價　320元
郵政劃撥　18989626　戶名：海鴿文化出版圖書有限公司

國家圖書館出版品預行編目資料

中國第一兵書：孫子兵法／秦榆作.--
三版，-- 臺北市 ： 海鴿文化，2019.05
面 ；　公分. -- （古學今用；122）
ISBN 978-986-392-273-5（平裝）

1.（周）孫武　2. 孫子兵法　3. 學術思想　4. 研究考訂

592.092　　108005467